JN242783

子供の科学

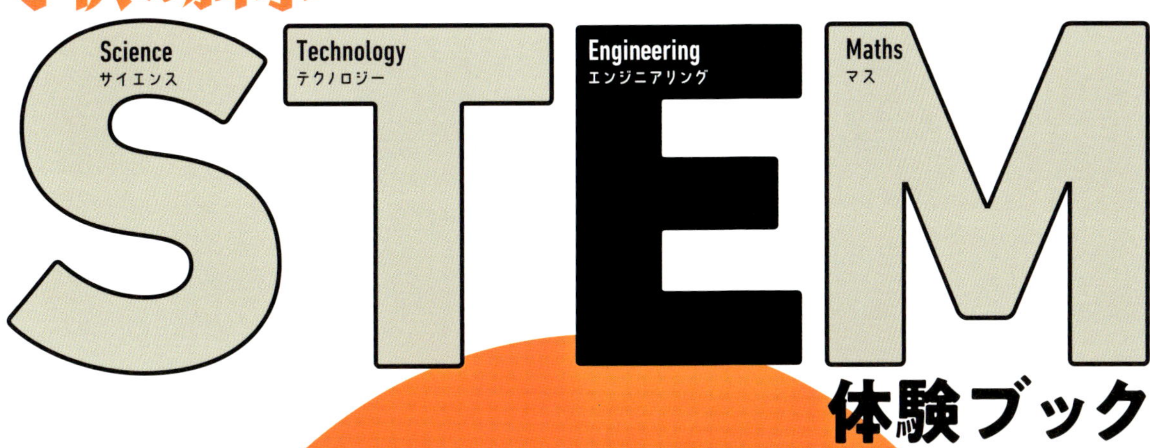

体験ブック

AI時代を生きぬく
モノづくりの創造力が育つ

工作でわかる モノのしくみ

ニック・アーノルド 著
Nick Arnold
ガリレオ工房 監修

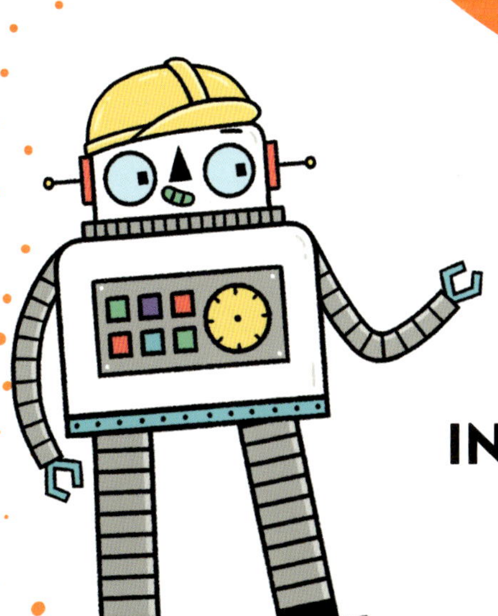

FANTASTIC FORCES
AND
INCREDIBLE MACHINES

誠文堂新光社

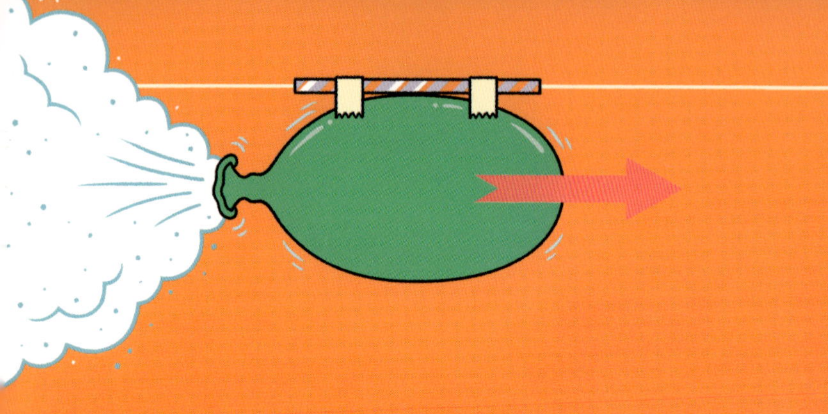

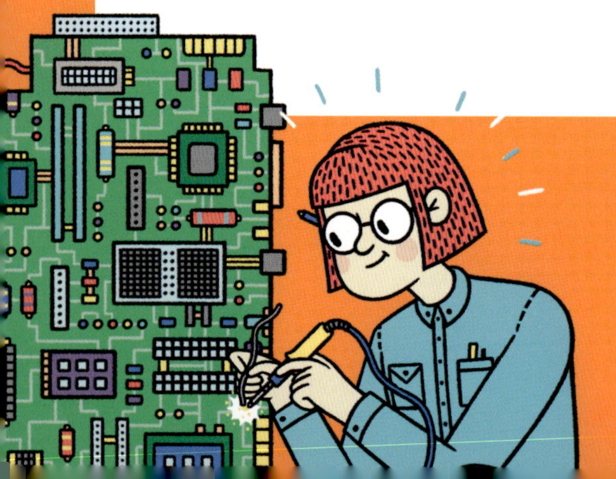

はじめに
世界標準の教育を子どもたちに

この本は、イギリスで出版されたSTEM（科学・テクノロジー・エンジニアリング・数学）という21世紀型の教育をベースにした子ども向けの本4冊を、イギリスでの出版とほぼ同時に日本でも出版するものです。STEM教育は、アメリカではオバマ元大統領がイノベーションの基礎となる科学技術教育として推進し、広まってきました。

例えば科学は、物が原子や分子からできていること、生物の遺伝情報はDNAが担っていることなどを前提に、現代科学の基礎から先端までをわかりやすく概観していて、子どもだけでなく、大人にもSTEMの入門書としておすすめです。

そのため高校で学ぶような内容も出てくるので、初心者向けのSTEM入門書として、むずかしいと思うところは少し飛ばし読みでも構わないので、現代の科学やテクノロジー、エンジニアリング、数学がどんなことにチャレンジしているかをのぞいてみてください。またより深く知りたいと思ったら、他の子ども向けのそのジャンルの本も読んでみることをおすすめします。

「科学」はバイオテクノロジーの長所と短所など鋭い視点の解説があり、全体として興味深い本になっています。また「テクノロジー」、「エンジニアリング」、「数学」は子ども向けでここまで広くまた踏み込んで紹介している本はあまりありません。世界標準の教育をぜひ楽しんでください。

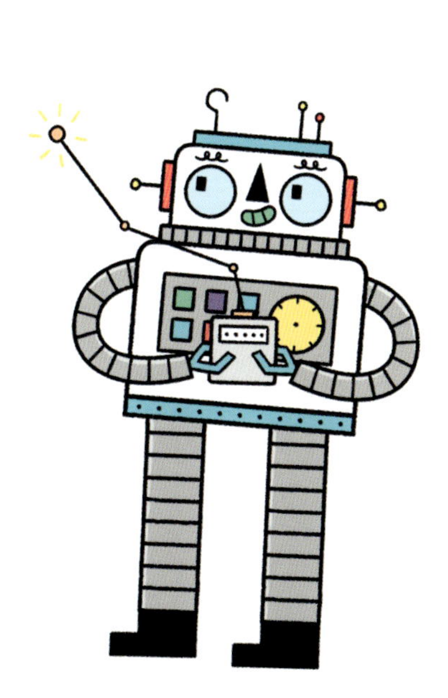

NPO法人ガリレオ工房理事長・教育学博士
滝川 洋二

CONTENTS
目次

カテゴリーのマーク

システム／しかけ

材料／プロセス

生物／医学／農学／化学

構造

サステイナブル工学

WELCOME TO STEM WORLD!

ようこそ STEM ワールドへ!

子供の科学STEM体験ブックシリーズは、科学、テクノロジー、エンジニアリング、数学という4冊にわかれていて、どの本にも、アッとおどろく発見がつまっているよ。身のまわりの科学のお話を読んだり、家でできるかんたんな実験にちょうせんしたりすれば、きっと科学をもっと身近に感じられるようになるはず。この本を読んで、科学者やエンジニア、技術者や数学者になるのは夢じゃないって思ってくれたらうれしいな。それじゃあ、子供の科学STEM体験ブックシリーズでフシギな世界をあんないしてくれる、心強い仲間たちを紹介するね！

科学

科学では、身のまわりの
世界に目をむけるよ。

カルロスとエラ

カルロスは超新星と引力とバクテリアにくわしいスーパー科学者で、**エラ**はカルロスの助手だよ。いまは、アマゾンの熱帯雨林への出張を計画中！ エラといっしょにデータをいっぱい集めて、データベースにまとめようとしてるんだ！

テクノロジー

テクノロジーでは、
生活に役立つものや装置をつくるよ。

ルイスとバイオレット

ルイスは、宇宙船でだれよりも早く火星に行くことを夢見るトップ技術者。「装置のことなら何でもおまかせ！」の**バイオレット**は、ルイスがごみからつくったロボットだよ。

エンジニアリング

エンジニアリングでは、スゴイ工作や
マシンで問題をかいけつするよ。

オリーブとクラーク

オリーブは、3才のときに犬用のビスケットで超高層ビルをつくってしまった天才エンジニア。**クラーク**は、オリーブがギザのピラミッドに行くとちゅうで見つけたんだ。

数学

数学では、数と測りかたと
図形を紹介するよ。

ソフィーとピエール

ソフィーは、ポップコーン派とドーナツ派のわりあいを当ててクラスのみんなをおどろかせた、数学のマジシャンだ。コンピューターの**ピエール**はソフィーの強い味方。持ち前の計算能力で、素数のナゾをとき明かしてくれるよ。

エンジニアリング（工学）は、いろいろなものごとを調べたり、製品やシステムをよりよくする方法を考えたりする学問だよ。

「工学」と聞いて、どんなことが思いうかぶ？　いろいろなしかけ、機械、工事現場を連想するかもしれないね。この本でも、しかけや機械はたくさん説明するけれど、科学の知識や数学を使って、力のはたらきかたや材料を調べる人たちも紹介するよ。工学の技術者は、あっとおどろく新しい製品やシステムをつくることを目指しているんだ。そんな工学には、下の分野などがあるよ。

システム／しかけ

産業工学
ものづくりの手順を評価したり、手順を整理したりする。

機械工学
部品や機械を発明したりする。

電気工学
電気の利用などについて考える。

コンピューター工学
ハードウェア、ソフトウェア、ネットワークなどを開発する。

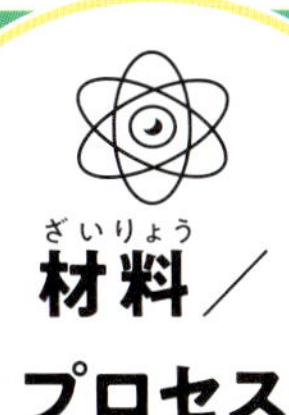

材料／プロセス

材料工学
新しい材料を開発する。

鉱山工学
地中から鉱物をほり出したり、利用方法を考えたりする。

原子力工学
原子の核の分裂と融合（合体）の利用を考える。

生物／医学／農学／化学

生物工学
生き物を利用して新しい製品をつくる。

農業工学
作物や家畜をよくする技術を考える。

生物化学工学
微生物の利用などを考える。

化学工学
化学工業の装置を開発したりする。

医用生体工学
人々の健康を支えるための機械などを開発する。

構造

航空宇宙工学
大気の中や外を飛ぶ、飛行機や宇宙船の工学。

建築工学
建物を設計したり建てたりする。

船舶工学
船を設計したり、利用について考えたりする。

サステイナブル工学

土木工学
みんなが使う街や道路などについて考える。

環境工学
環境の持続可能性を考える。

海洋工学
海洋の利用について考える。

流体工学
流体（液体、気体、プラズマ）や流体にはたらく力の利用を考える。

工学は、社会になくてはならない。がんじょうな建物や、作物に水をやったりエアコンを動かしたりするためのポンプやパイプは、生活にかかせないよね。車や電車は、学校や仕事に行くときに必要だ。潜水船がないと海の中を調べられないし、ロケットがないと宇宙に飛び出せない。微生物からつくった薬がないと生きられない人もいる。

いろいろな工学のおかげで、わたしたちの暮らしは豊かになっている。きみは、どの工学にいちばん興味があるかな？　この本を読んで、工学博士になろう。いつの日か、大きな問題をかいけつしたり、スゴイ技術を開発したりできたらいいね！

夢をでっかくもってがんばろう！

MASS MATTERS

質量とエネルギー

この本を読んでいるきみに質問！ いま、きみの体には力がはたらいているんだけど、力を感じることはできるかな？ たとえば地球の重力とか。重力などの力や、力を生み出すエネルギーは、この本のすべての実験に関係してくるよ。

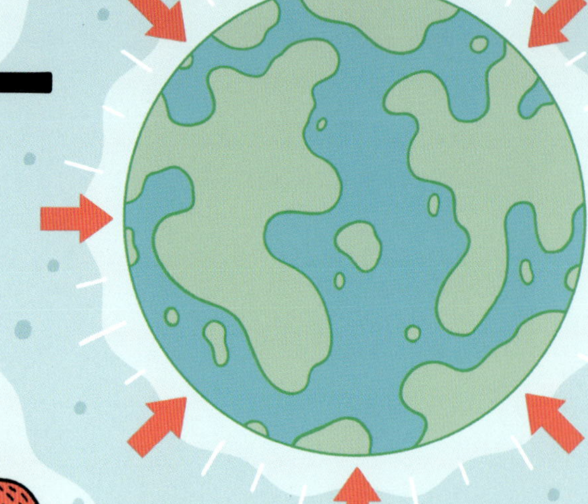

物体は重力によって、地球の真ん中の方に引っぱられている

だいじなポイント

重力のフシギ

重力とは、**質量**をもつ物体どうしが引きあう力のこと。質量は、物体の量のことだよ。地球のように質量が大きい物体は、質量が少ない物体よりも引きよせる力が大きい。地球にむかってものが落ちるのも、地球が太陽に引きつけられて、まわりを回るのも、ぜんぶ重力のせいなんだ。

やってみよう

ものが落ちる速さを調べよう

「体重」の正体は、じつは物体にはたらいている重力なんだ。重いものほど重力が大きいのなら、重い物体の方が落ちるスピードも速そうだよね？ 実験でたしかめてみよう。

必要なもの

- ✔ 大きなボール（サッカー、バレー、バスケのボールなど）
- ✔ 小さなボール（テニス、野球、ゴルフのボールなど）
- ✔ 紙きれ

1. 大きなボールと小さなボールを、同じ高さから同時に落とすよ。落とす前に、どちらが先にゆかにつくか予想してね。
2. ボールを落とそう。予想はあたったかな？
3. どちらかのボールと紙きれを同時に落とすとどうなるかな？ 紙とボールのどちらが先に地面につくだろう？
4. ボールと紙を落としてたしかめよう。

実験のかいせつ

2つのボールは同時にゆかに落ちるよ！ その理由は、重力に引っぱられる物体は、大きさや重さによらず、すべて同じように加速（スピードアップ）するから。それに、重いものほど重力は大きいけれど、重いものは軽いものよりも動きにくいから、重力の差は打ち消されてしまうんだ。ボールより軽い紙切れを落としたときは、どうなったかな？ 落ちるのに時間がかかったよね。それは、空気にじゃまされるからだよ。

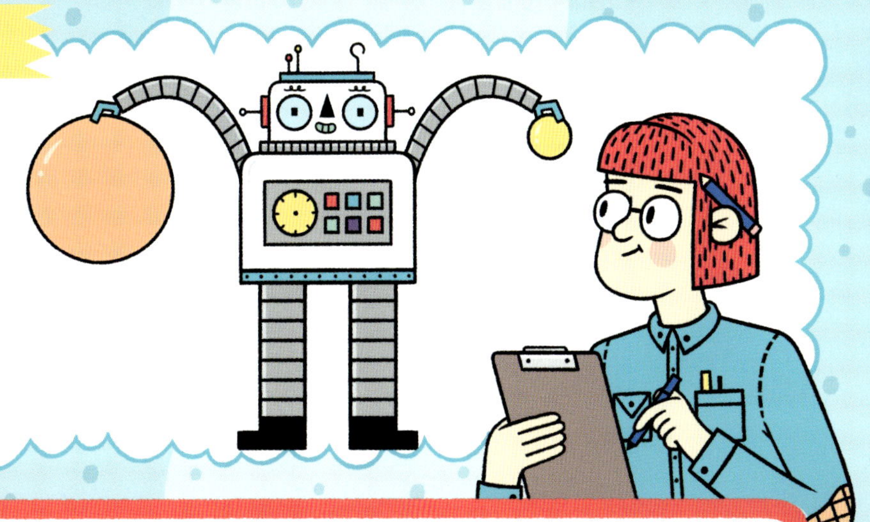

やってみよう

輪ゴムのエネルギー

工学では、力のほかに**エネルギー**も活用する。エネルギーはものを動かすもとになるものだよ。輪ゴムが飛んだきょりでエネルギーを実感してみよう。

必要なもの

- ✔ 輪ゴム
- ✔ じょうぎ

1 輪ゴムをもとの3倍の長さにのばし、手をはなす。

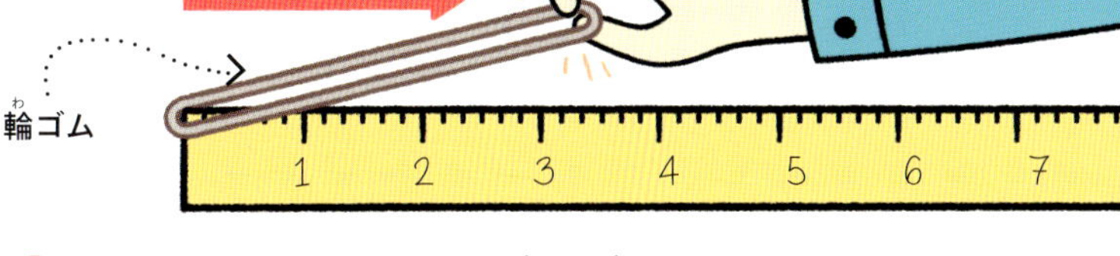

2 つぎに、輪ゴムをもとの6倍の長さにのばし、手をはなす。

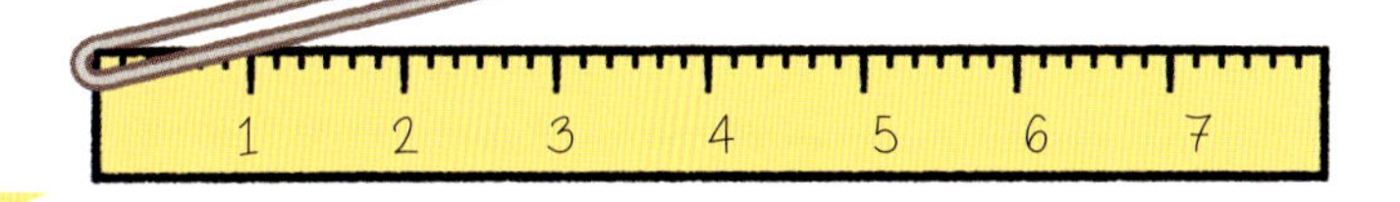

実験のかいせつ

輪ゴムをのばすと、輪ゴムが**位置エネルギー**をえる。つまり、輪ゴムにエネルギーがたまるってこと。手をはなすと、位置エネルギーが**運動エネルギー**（ものを動かすエネルギー）にかわるよ。のばすきょりを長くしてエネルギーをいっぱいためれば、その分、輪ゴムは遠くまで飛ぶんだ。位置エネルギーについては、32ページでくわしく説明するよ。

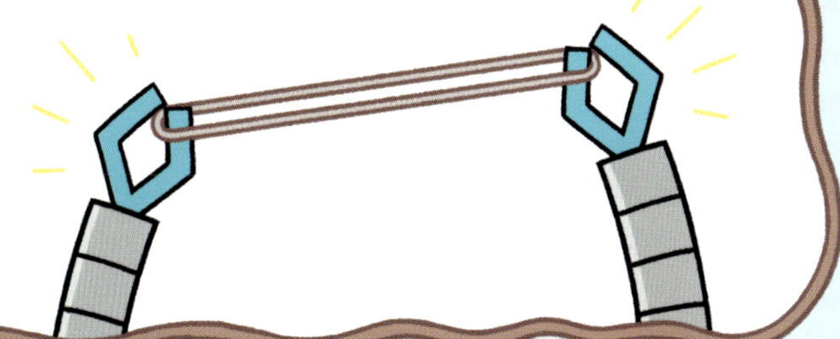

ガリレオの話

イタリア人の科学者ガリレオ・ガリレイ（1564〜1642年）は、重さのちがう物体が同じ速さで落ちることに気づいた人だよ。それから、**ふり子**のからくりを発見したのもガリレオだ。ふり子がゆれるのは、ふり子が地球の重力で下に引っぱられて、位置エネルギーが運動エネルギーにかわるからだよ。ふり子が左右にゆれている間は、これが何度も起きているんだ。

ON THE MOVE

物体が動くときにはたらく力

重力以外にもいろいろな力があるよ。物体を押したり、引いたり、動かしたりする力を紹介するね。ものが動くときにはたらく力についてくわしくなろう！

やってみよう

ストップ＆スタート！

まずは、物体を動かす実験をしよう。
物体が止まってしまう理由も見えてくるよ！

必要なもの

- ✔ おもちゃの車
- ✔ はさみ
- ✔ ダンボール
- ✔ のり
- ✔ えんぴつ
- ✔ 巻き尺
- ✔ 輪ゴム
- ✔ わりばし
- ✔ アルミホイル
- ✔ じょうぎ
- ✔ ノート
- ✔ ラップ
- ✔ 水を入れたきり吹き

1 ダンボールをはさみで切って、ヨコ12センチメートル、タテ25センチメートル以上のものを4、5枚つくり、のりではり合わせる。かわくまで待つ。

のり

2 じょうぎで①のダンボールのたての長さをはかり、真ん中にえんぴつでしるしをつける。ダンボールのはしから1.5センチメートルのところに1つずつしるしをつける（真ん中のしるしから6.5センチメートル以上はなそう）。この2つのしるしに、はさみを使ってわりばしよりも小さい穴をあける。

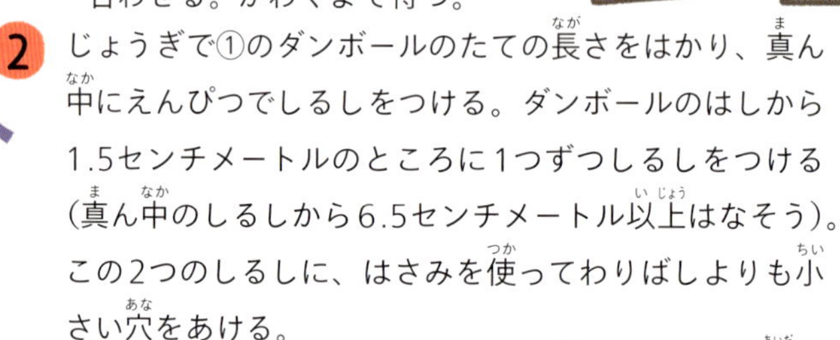

3 わりばしを穴に押しこんでから、わりばしに輪ゴムをかける。ぐらつく場合は、ダンボールをもっと重ねよう。

わりばし

4 わりばしの間にじょうぎをたてにおき、おもちゃの車を輪ゴムの前におく。

じょうぎ

5 1〜1.5メートル以上の広さがある平らな場所に移動する。ダンボールのはしから巻き尺をのばしておく。つぎは道路をつくるよ！

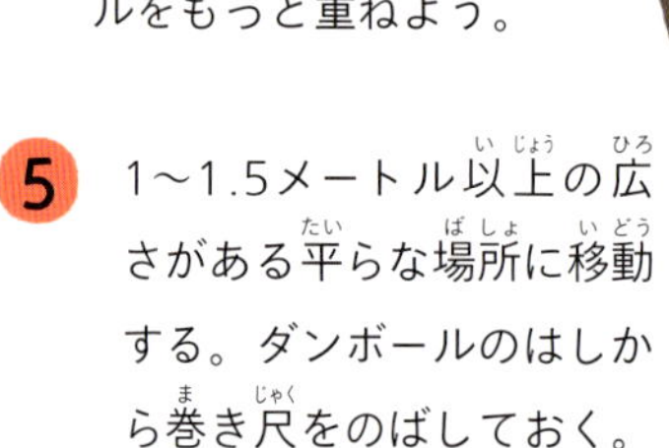

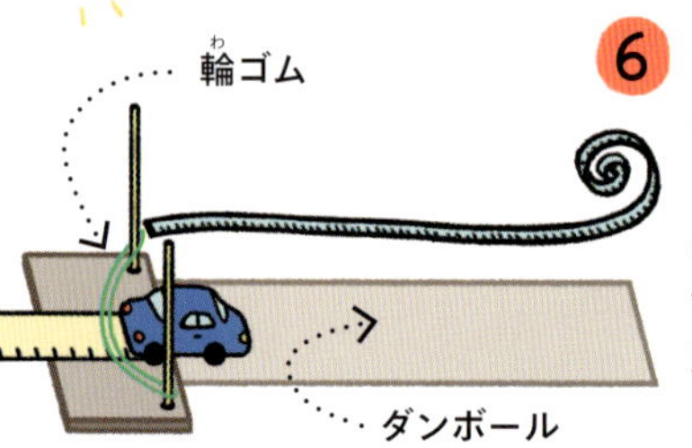

6 ヨコ25センチメートル、タテ90センチメートル以上のダンボールを3枚用意する。

7 そのうち1枚はそのまま使う。2枚目はアルミホイルでつつみ、3枚目はラップでつつむ。

8 ⑦のダンボールを道路として使う。車を輪ゴムに引っかけてうしろに引き、手をはなす。引くきょりをかえながら、それぞれの道路を3回ずつためそう。

9 車が進んだきょりを記録する。それぞれの道路で車が進んだきょりの**平均値**※を計算できるかな？ 平均値がいちばん大きい道路、いちばん小さい道路はどれだった？ 走るのに大きな力が必要な道路はどれだろう？

10 道路にきり吹きで水をかけ、もう一度実験して、きょりを記録しよう。

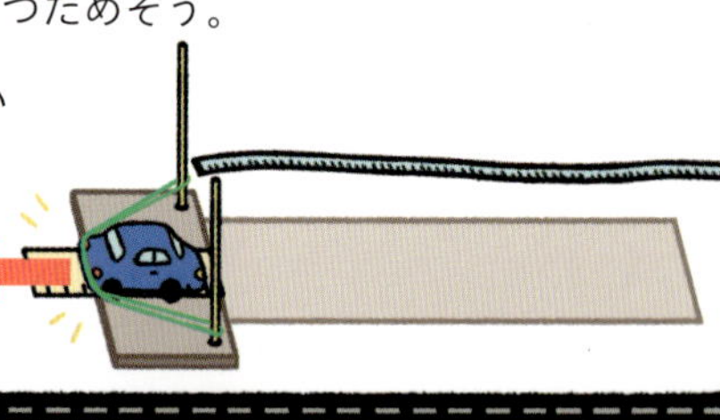

※平均値を求めるとき、いちばん大きい値といちばん小さい値をのぞくといいよ。

実験のかいせつ

何もしなければ、おもちゃの車は動かない。力がはたらかないと、止まっていた物体は静止しつづけ、動いている物体は動き続ける。この性質を**慣性**というよ。車を前に押し出すと、車に力がはたらくから加速する。だけど、**まさつ力**（ゆかとタイヤの間にはたらく力など）のせいで、いつかは止まってしまうんだ。アルミホイルの道路、ラップの道路、きり吹きの前と後で、進むきょりはずいぶんちがったよね。どの道路のときが、いちばん遠くまで進んだかな？ 理由を考えてみよう。

ニュートンの話

イギリス人の自然哲学者アイザック・ニュートン（1643〜1727年）は、**運動の法則**をまとめた人だよ。運動の法則では、物体は力がはたらいたときだけ加速するという法則や、質量が大きい物体はそれだけ慣性が大きいことが説明されているよ。

やってみよう

ぐるぐる回れ

回転する物体が使われている機械は多い。車にもコンピューターにも入っているよ。回転している物体には、どんな力がはたらいているのかな？

必要なもの

- いらないCD
- ボールペンまたはカラーペン
- 紙ねんど
- セロハンテープ
- じょうぎ
- 糸
- はさみ

1 CDの真ん中の穴にペンを通す。紙ねんどですきまをうめて、ペンがぐらつかないようにする。

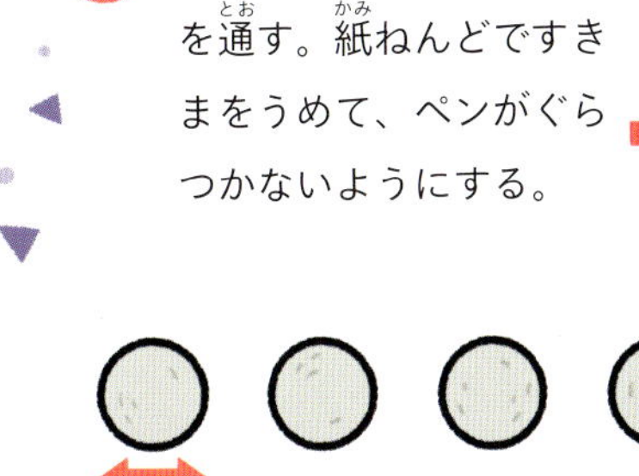

1センチメートル

2 紙ねんどをまるめて、1センチメートルの大きさのボールを4つつくる。

3 7センチメートルの長さの糸の先を、紙ねんどのボールでつつむようにしてくっつける。これを4本つくる。

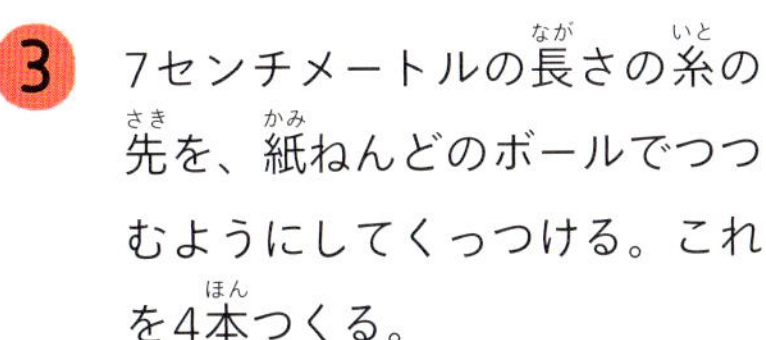

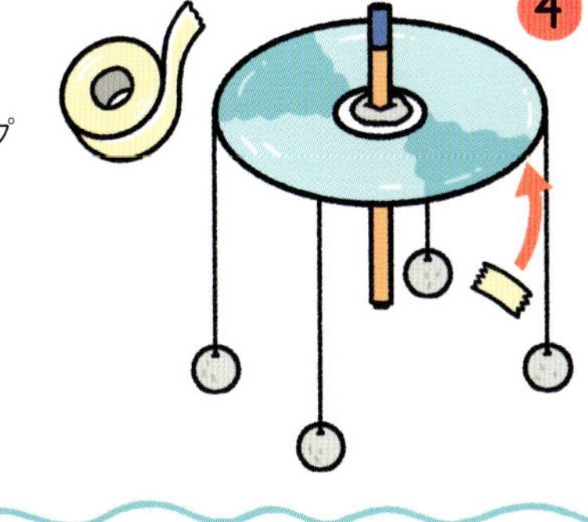

4 ③の糸を、左の絵のようにCDの裏面にテープではる。糸と糸の間かくをあけること。

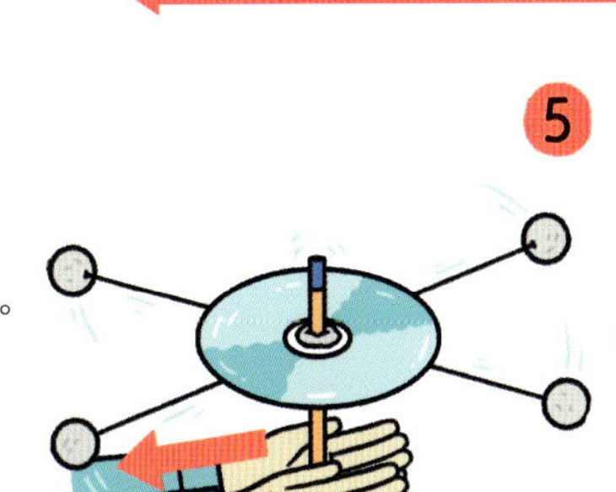

5 ペンの先を平らな面におき、コマのように手で回してみよう。

実験のかいせつ

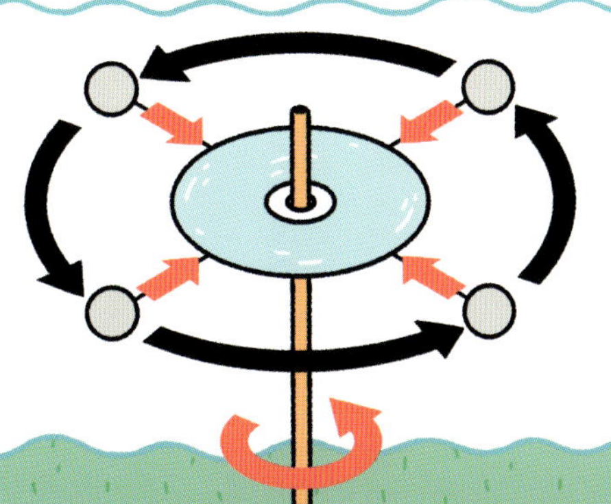

紙ねんどのボールは水平にぐるぐる回るよ。まず、手でペンを回すことで、ペンに**トルク**という回転力が生まれる。すると慣性をもつボールは、まっすぐに進もうとする。だけど、ぴんとはった糸によって、中心にむかって引きよせられる力（**向心力**）がはたらくので、ボールはまっすぐ飛んでいくことはないんだ。

BZZZZ! ELECTRICITY!

ビリビリ…電気のヒミツ

工学は、力技がすべてじゃない。機械を動かすときには、電気を利用することも多いんだ。電気は自然に発生することもあるけれど、自分でつくれば、いろいろな使い方ができるよ。

電気の正体

この世界のすべてのものは、**原子**という、ものすごく小さな部品でできている。一つひとつの原子の真ん中にある**核**には、**中性子**と、プラスの**電気**をおびた**陽子**がある。核のまわりには、**電子**というマイナスの電気をおびたつぶもただよっている。電子は、ふつうは原子核のまわりからはなれないけれど、物質によっては、原子から原子へと移動することがあるんだ。この自由に動ける電子の流れが、**電流**を生み出しているんだよ。

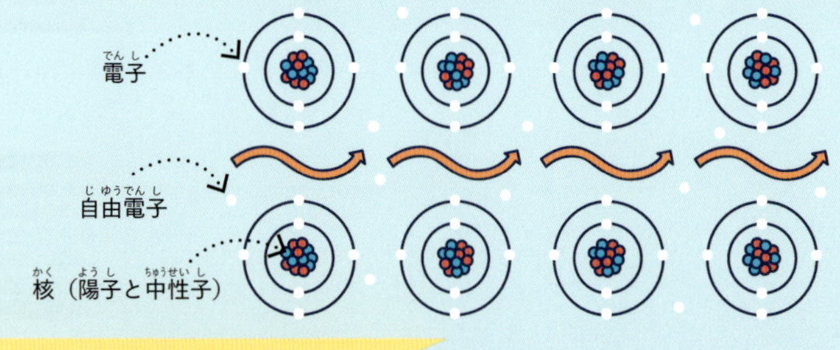

ものごとのしくみ

静電気の正体

原子の中の陽子はプラスの電気をおびていて、電子はマイナスの電気をおびている。ちなみに、中性子は電気をもたない。ふつうの原子には陽子と電子が同じ数だけあるから、いつもは電気のプラスとマイナスで打ち消し合っている（プラスマイナスゼロ）。だけど、物体どうしがふれると、その間を電子が行き来して、プラスやマイナスの電気がかたよってしまうことがある。このかたよりが、**静電気**の正体だよ。

やってみよう

空きかんが勝手にころがる!?

静電気にはフシギな力がひめられているよ。実験でたしかめよう。

必要なもの

- ✔ 空きかん（金属でできたもの）
- ✔ 風船
- ✔ かみの毛（きれいで、かわいた状態）
- ✔ テーブル

1. 風船をふくらまし、口をむすぶ。
2. 風船をかみの毛に10回以上こすりつける。
3. テーブルの上においた空きかんに風船を近づける。

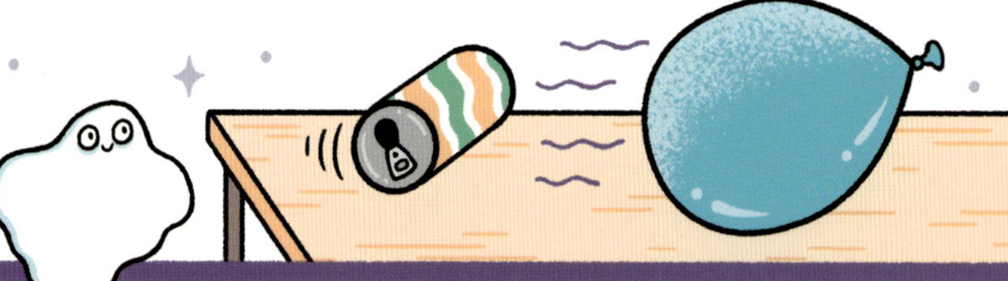

実験のかいせつ

空きかんは風船にむかってころがるよ。風船をかみの毛にこすりつけると、かみの毛の電子が移って風船の表面にたまり、風船がマイナスの電気をおびる。風船が空きかんに近づくと、空きかんの自由に動ける電子がかたより、遠いほうがマイナスに、近いほうがプラスになる。プラスとマイナスの電気は引き合うので、空きかんのプラスの電気が風船に引かれて、近づくというわけなんだ。

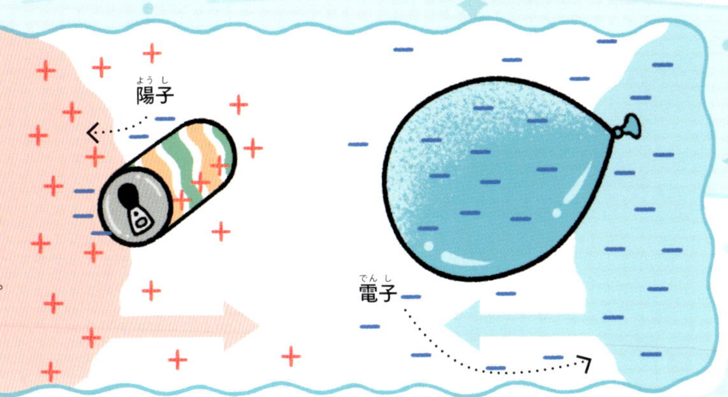

やってみよう

ゼムクリップが宙にうく!?

ゼムクリップを宙にうかせてみよう。その姿はまるで、スーパーヒーローやエイリアンの宇宙船だ！

必要なもの

- ✔ 木の板
- ✔ 本または小さな箱
- ✔ ゼムクリップ
- ✔ 糸
- ✔ じょうぎ
- ✔ 両面テープ
- ✔ セロハンテープ
- ✔ はさみ
- ✔ 磁石

1. 本を重ねて、テーブルの上に山を2つつくる。木の板などのかたいものをのせる。両面テープを使って、板の裏に磁石をはる。

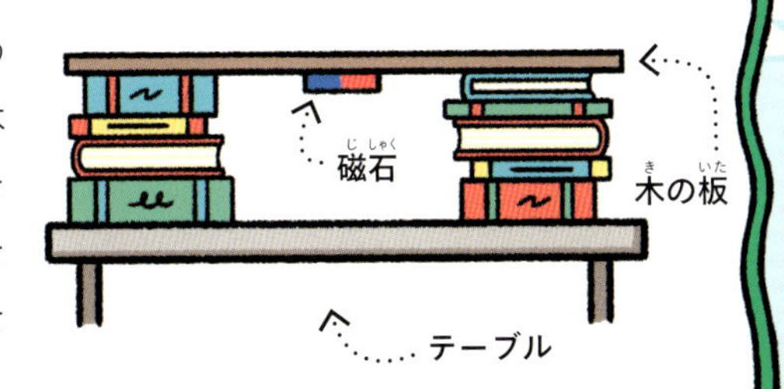

2. 板とテーブルの間のきょりをはかる。そのきょりよりも1センチメートル短い糸を用意する。

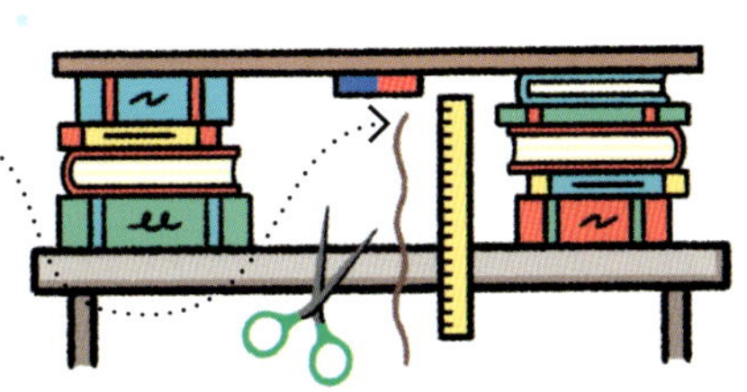

3. テープで糸の先にゼムクリップをつけ、糸のはしをテーブルにはる。クリップを磁石のほうにもち上げると、どうなるかな？

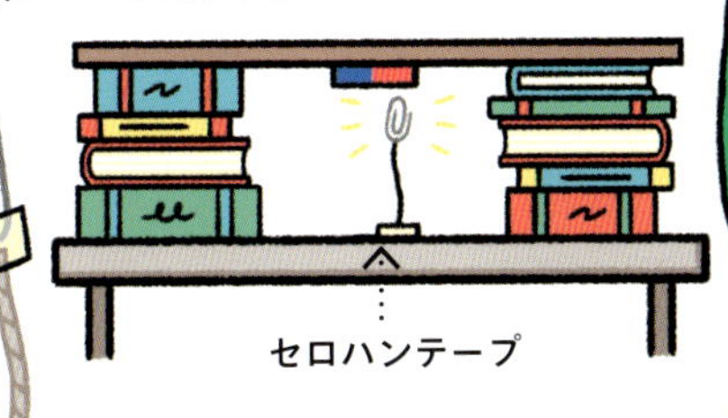

実験のかいせつ

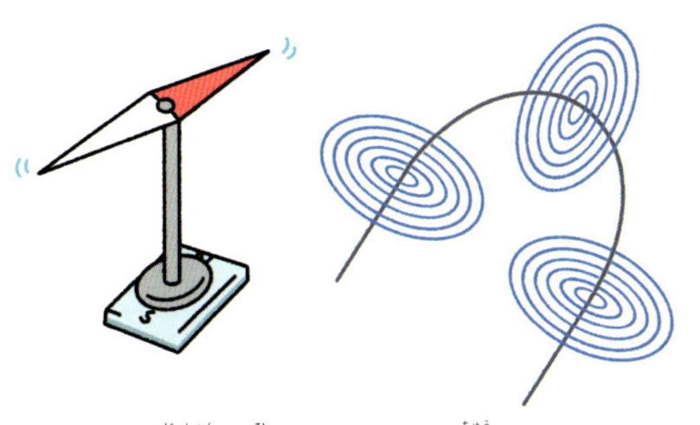

ゼムクリップは磁石に引きよせられて宙にういたよね。これは、磁石のまわりにゼムクリップを引きつける**磁力**がはたらいているからなんだ。磁力は電気にも関係があるよ。導線に電流を流すと、そのまわりにも磁力が生まれるんだ。右上の絵のように、導線のまわりに輪のように広がるんだよ。

知ってる？

白熱電球が光るしくみ

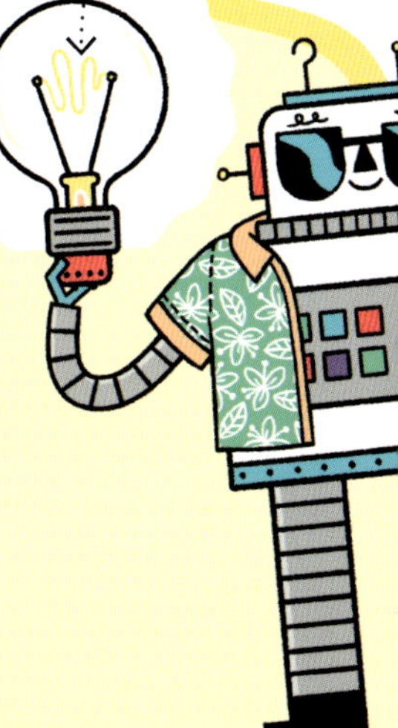

電気は、電子の流れとして移動することもできる。これが、電流の正体だ。電流は電池やコンセントにつなぐと流れるよ。ちなみに、電気はほかのエネルギーにも変身できる。たとえば白熱電球は、**フィラメント**というワイヤーに電気を流すことで、電気エネルギーを熱と光にかえる。だから、白熱電球は明るく光るし、熱くなるんだ。

いろいろな材料

工学では、目的にいちばん合った材料をえらばないといけない。えらぶときは、強さ、しなやかさ、水を通すか、通さないか、こういったことを考えるよ。材料には、天然の材料から人工の材料（自然にはない、人がつくった材料）まで、無数にあるんだ。

だいじな ポイント

材料の種類

工学で使う材料は、ほとんどこの4種類に分けられるよ。

1. **金属**は、地中からとれる天然の材料。ほとんどは固体で、みがくと光たくがあるよ。じょうぶで、こわれにくいうえに、熱や電気を通しやすいんだ。

2. **セラミックス**は、かまというオーブンでねんど（砂より細かいつぶ）を焼いてつくる。つぼはセラミックス製で、ガラスもセラミックスの仲間だ。セラミックスは熱や電気を通しにくいよ。

3. **ポリマー**は、**分子**（原子がくっついたもの）が長くつながってできている材料。木やゴムは天然のポリマーだ。天然の材料からつくる人工のポリマーもある。たとえば、石油からつくるプラスチックとかね。

4. **複合材料**は、2種類以上の金属、ポリマー、セラミックスなどをまぜてつくった材料だ。じょうぶさとしなやかさの両方をもっていて、スポーツ用品など、いろいろなところで使われているよ。

やってみよう

身のまわりの材料を調べよう

必要なもの

- ✔ 大人の人
- ✔ えんぴつ
- ✔ ノート

1. ノートにタテ4列の表を書き、それぞれの列に「金属」、「セラミックス」、「ポリマー」、「複合材料」と書く。

金属	セラミックス	ポリマー	複合材料
フォーク	カップ		

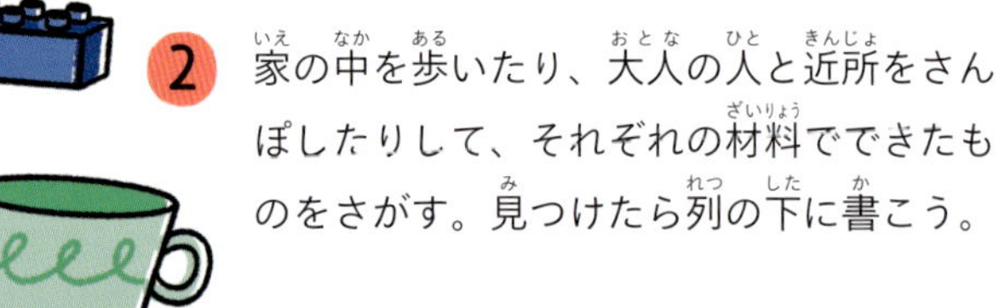

2. 家の中を歩いたり、大人の人と近所をさんぽしたりして、それぞれの材料でできたものをさがす。見つけたら列の下に書こう。

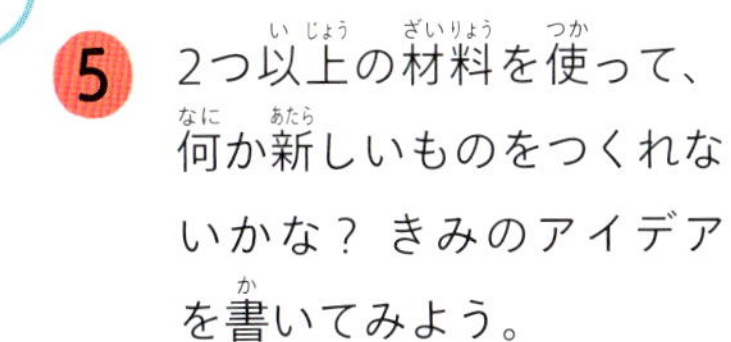

3 ノートのつぎのページに、それぞれの材料でつくれそうなものを書き出そう。

4 それぞれの材料の性質をかえるにはどうしたらいいかな？ たとえばアルミホイルを布にはってみたらどんな性質になるかな？

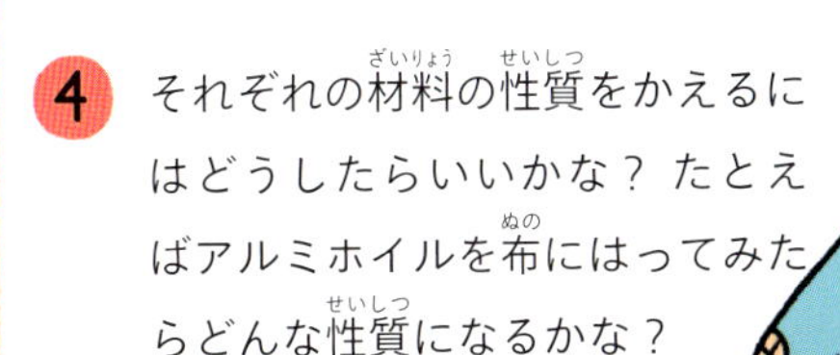

5 2つ以上の材料を使って、何か新しいものをつくれないかな？ きみのアイデアを書いてみよう。

やってみよう

お家でかんたんカゼインプラスチックづくり

セラミックス、プラスチック、複合材料は、人の手でつくるものだったね。きみもプラスチックづくりにちょうせんしてみよう。

必要なもの

- 大人の人
- 牛乳（低脂肪でないもの）
- 計量カップ
- 酢
- 小さじ
- なべ
- ボウル
- 目の細かいざる
- コンロ
- 木のスプーン

1 大人の人に手伝ってもらいながら、牛乳150ミリリットルを火にかけ、ふつふつするまで加熱する。

2 酢を小さじ4加える。

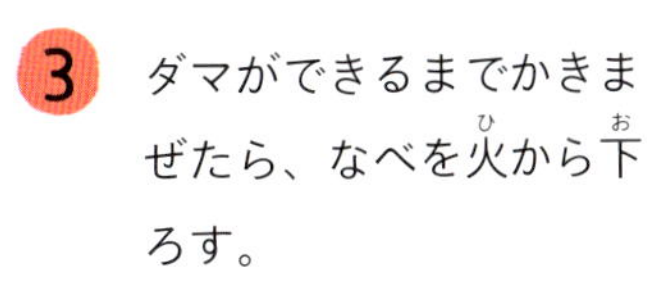

3 ダマができるまでかきまぜたら、なべを火から下ろす。

4 なべの中身をざるでこしながらボウルにあける。

5 中身をゆっくりとすべて流し入れる。かたまりどうしを木のスプーンでつぶす。

ぶよぶよのかたまりで、好きな形をつくってもおもしろいよ！

実験のかいせつ

やったね！ これでゴムみたいなカゼインプラスチックの完成だ！ ほかのプラスチックと同じように、これも、ひものような長い分子でできているよ。分子の正体は、カゼインという**タンパク質**。**酸性**の酢によって、牛乳のタンパク質と脂肪がバラバラになったんだ。

BIGGER, BETTER BUILDINGS

背の高いビルを支えるしかけ

工学の技術者は機械しかつくっていないと思ったら、それは思いちがいだ。家や超高層ビルや橋を設計したり、よりよい建物をつくったりする工学の技術者もいるよ。それは、建築工学という分野だ。ヘルメットをかぶって、建築の世界をのぞいてみよう！

やってみよう

がんじょうな構造

建物には、重力などのいろいろな力がかかる。**建築**では建物の形を工夫することで、重みや外からの力で建物がくずれないようにしているんだ。まず、立体の骨組みをつくろう。上から押すと、どこがたわむかな？

必要なもの

- ストローまたは手芸用モール
- はさみ
- じょうぎ
- ペン
- セロハンテープ

1 立方体、ピラミッド型など、多面体のどの形の骨組みをつくるか決めよう。

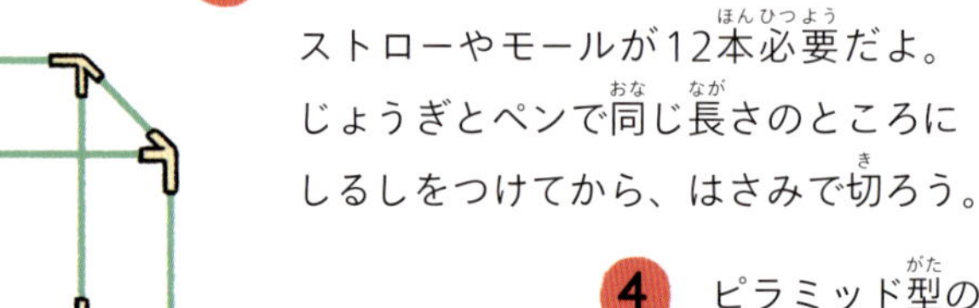

2 立方体の骨組みの場合は、同じ長さのストローやモールが12本必要だよ。じょうぎとペンで同じ長さのところにしるしをつけてから、はさみで切ろう。

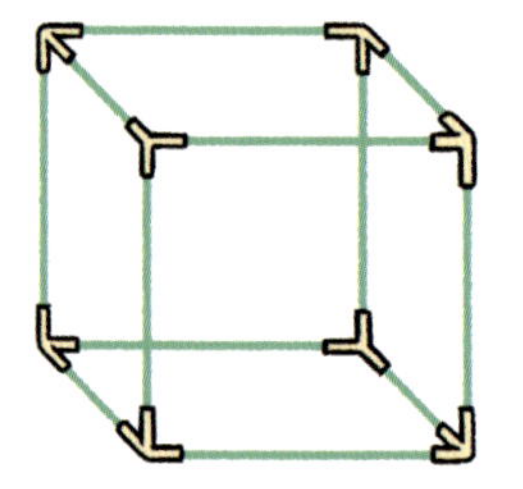

3 上の絵のようにテープでつなげる。

4 ピラミッド型の場合は、同じ長さのストローやモールが6本必要だよ。

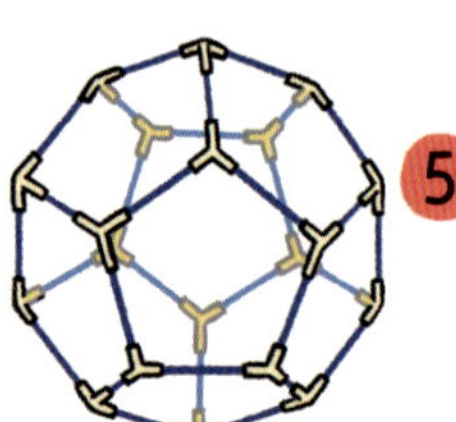

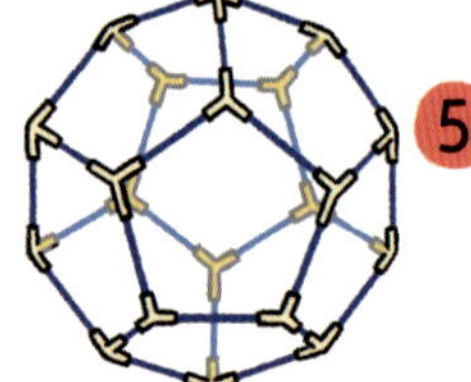

5 この形はどうかな？ これ以外にも、好きな立体をつくれるよ。

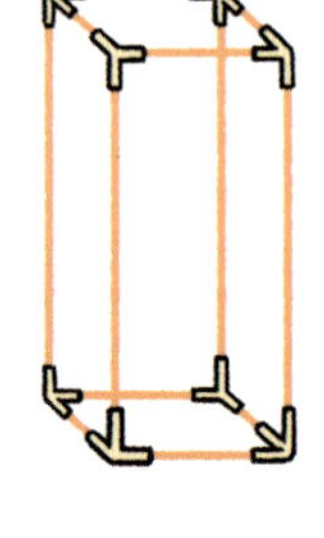

6 背の高いタワーもつくってみよう！

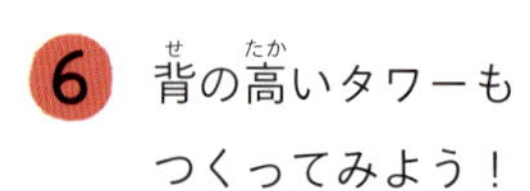

7 上から手で押してみよう。どの形が強そうかな？ ひねってみると、新しい発見があるよ。

実験のかいせつ

この実験では、上から押して力を加えたり、ひねって力を加えたりしたときに、形によってどんなちがいが出るかをたしかめたよ。どの骨組みがいちばん安定していたかな？ いちばんぐらついたのはどれだろう？ ストローの本数をふやして補強したり、角にパーツを足したりしてみてね。どんなちがいが出るかな？

やってみよう

ビルの模型をつくろう

ビルは高ければ高いほど、軽くてじょうぶなつくりが必要になる。じっさい、超高層ビルは、重力や吹きつける風の力にたえないといけないんだ。

必要なもの

- ✔ 四角い厚紙
- ✔ 竹串…4本
- ✔ ストロー…4本
- ✔ 発泡スチロール
- ✔ セロハンテープ

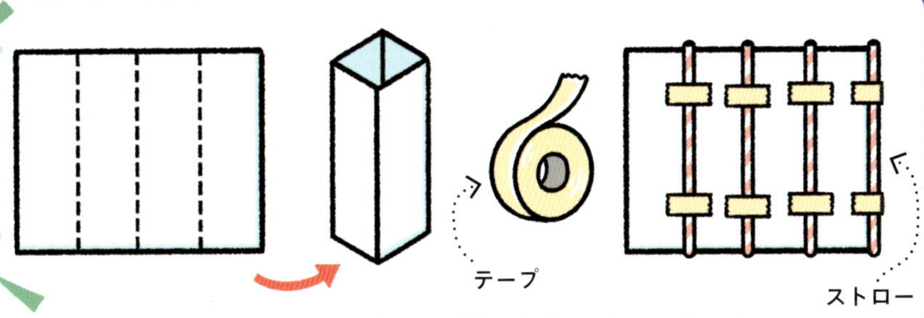

1 厚紙をたて半分に折り、さらに半分に折って、四角いつつをつくる。

2 厚紙を開き、上の絵のように、折り目にストローをはる。

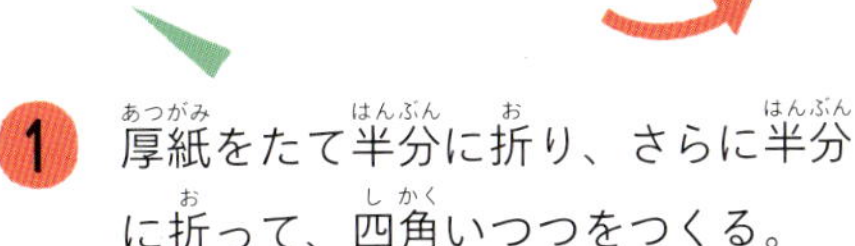

3 またつつの形に折り、はしをテープでとめる。ストローに竹串を通し、竹串を発泡スチロールにさして立てる。これで、厚紙のビルの完成だ。

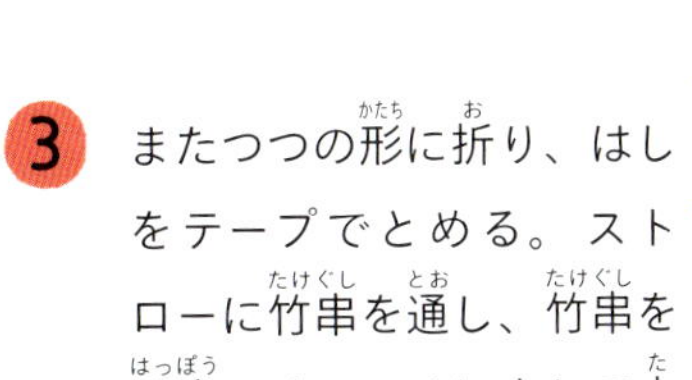

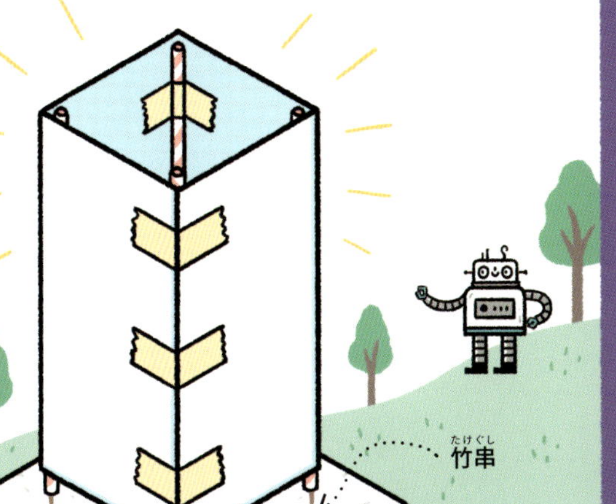

実験のかいせつ

お見事！ 軽くてじょうぶな超高層ビルの模型ができたね。四すみにストローをはりつけることでビルのかべを補強できたし、発泡スチロールにさした竹串が**基礎**のくいの役割をはたしたよ。

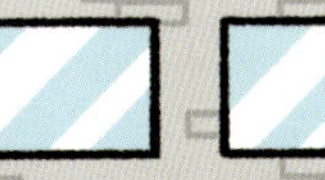

知ってる？

超高層ビルの工夫

じっさいの超高層ビルは、がんじょうな鋼鉄の骨組みが力強く支えている（鋼鉄の骨組みのほうが、かべで支える構造より軽いんだ）。鋼鉄の骨組みには、たいていガラスのパネルをはめるよ。これでかべができる。そして、補強するために、かべの内側や外側に柱を建てるんだ。それから、基礎のくいは地面のずっと深くまでささっているよ。

フラーの話

アメリカ人の建築家で発明家だったバックミンスター・フラー（1895～1983年）は、**ジオデシック・ドーム**という建築物で有名だよ。たくさんの三角形でドームを支えることで、ふつうのドームよりもはるかにじょうぶになっているんだ。

SUPPORTING STRUCTURES

建物がくずれないのはなぜ？

たいへん、たいへん！ 大きな建物に重い屋根をのせると、かべがくずれてしまうよ。でも、だいじょうぶ。柱やアーチやドームを使えば、建物をもっと強く、もっと軽くできるんだ。そしてバットレスを足せば、かべを支えることができるんだよ。

だいじな ポイント

建物のつくり

建物をつくっているパーツを、一つひとつ見てみよう。

1. **柱**は**屋根**を支えるよ。
2. 屋根の重さによって、**アーチ**のまわりには下むきの力がかかる。それに横むきの力もかかるから、アーチは**かべ**や**バットレス**で支えることもあるんだ。
3. バットレスは、かべやアーチからの横むきの力を受けとめるよ。
4. **ドーム**は立体のアーチのようなものだ。ドームには下むきの力のほかに、底のあたりに横むきの力がかかる。多くのドームには、この横むきの力を受けとめるリングやチェーンがついているよ。

やってみよう

アーチになりきって力を感じよう

アーチやバットレスにはどんな力がかかっているか、かんたんにたしかめられるよ。

必要なもの

- ✔ 巻き尺
- ✔ 友だち…2人
- ✔ 広くて、ころんでも痛くない場所

① きみの手のひらと友だちの手のひらを合わせておたがいによりかかり、おたがいの体重を支え合う。

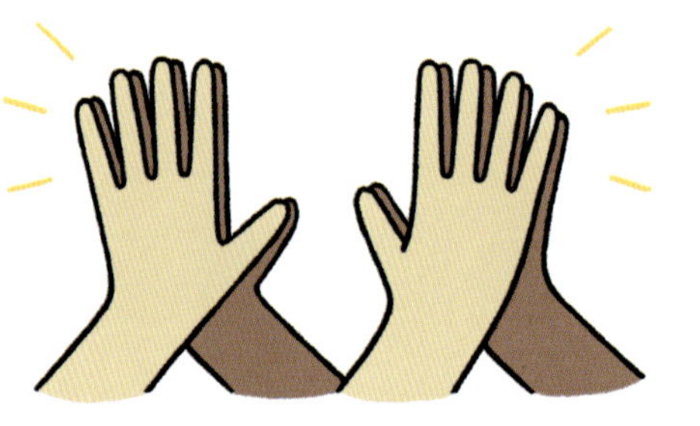

② 支え合ったまま、どのくらいはなれられるかな？ もう1人の友だちに、巻き尺で2人の間のきょりをはかってもらおう。

③ その友だちに、うしろからやさしく押してもらおう！ 交代して、3人でそれぞれの役割を体験してね。

④ つぎに、②のときと同じくらいはなれている大きな2つの物体やかべにかかとをつけ、①と同じことをやってみよう。

実験のかいせつ

手順①のとき、うしろに押される力を感じられたかな？ かべにかかとをつけたときのほうが、ラクに立っていられたよね？ じっさいのアーチと同じで、人のアーチもうしろに支えがあるのとないのとでは、がんじょうさが大きくちがう。だから、バットレスで支えなきゃいけないんだ。

やってみよう

柱とドームの役割を知ろう

柱やドームは何のためにあるのかな？
実験でたしかめよう。

必要なもの

- ダンボール箱…3種類（大きさ、厚さ、形がちがうもの）
- トイレットペーパーのしん…6本
- プラスチックのボウル…3種類（大きさ、厚さ、形がちがうもの）
- 重り（本など）
- 紙とえんぴつ

1. ダンボール箱をさかさまにおき、上の部分がたわむまで本をのせる。

重り

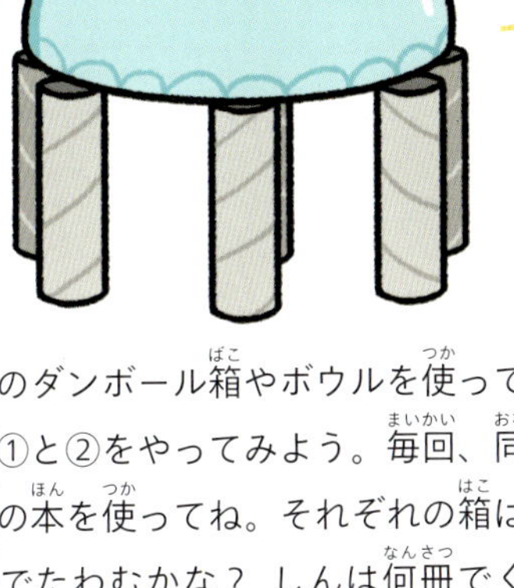

2. トイレットペーパーのしんを立てて円形にならべ、その上にボウルをさかさまにのせる。ボウルの上に①と同じ数の本をのせる。どんなちがいがあるかな？

3. ほかのダンボール箱やボウルを使って、手順①と②をやってみよう。毎回、同じ数の本を使ってね。それぞれの箱は何冊でたわむかな？ しんは何冊でくずれるだろう？ 紙に結果を書こう。

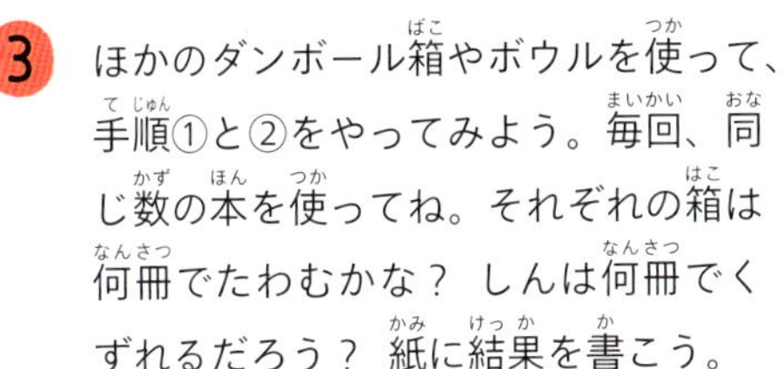

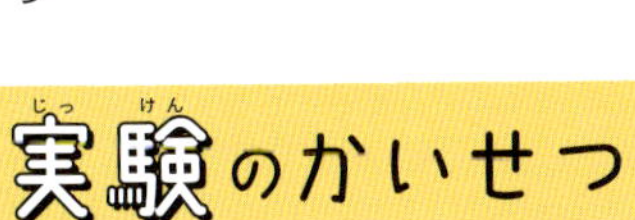

実験のかいせつ

ボウルとしんは、ダンボール箱よりも軽いのに、もっと重いものを支えられるよ。ボウルはドーム、しんは柱のはたらきをするんだ。どのつくりがいちばん強かった？ ダンボール箱とボウルの材料、形、大きさのちがいで、結果はどんなふうにかわったかな？

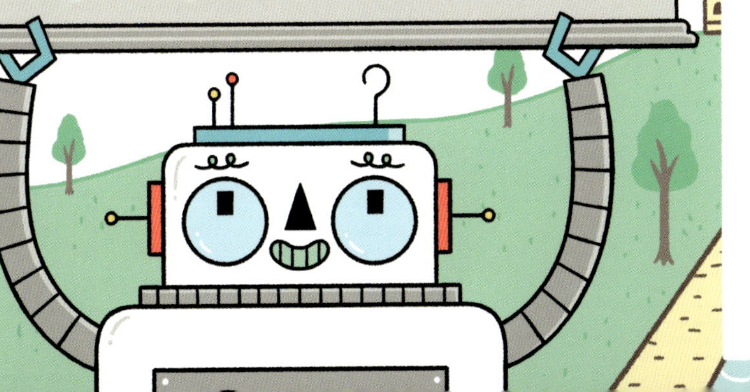

知ってる？

世界中のドーム

世界の有名な建物の多くには、ドームが使われている。アメリカの国会議事堂、イタリアのフィレンツェの大聖堂、インドのタージ・マハルとかね。これらの建物では、とくにスゴイ建築技術や設計が使われているんだ。

橋とトンネル

どうすれば海のむこうのあの島に行けるかな？ 車や電車で海をわたりたいな……。海をこえるための橋やトンネルをつくることは、大むかしから、工学の技術者のだいじな仕事だったんだ。橋やトンネルのしくみを見てみよう！

やってみよう

橋をつくろう

・自分で橋をつくって、いろいろためして考えてみよう。

必要なもの

- ストローまたは手芸用モール
- 土台を2つつくれる数の本
- 厚紙
- はさみ
- えんぴつ
- じょうぎ
- おもちゃの車
- セロハンテープ
- 重り（家にある小物）

1 下の絵の中から、つくりたい橋を決めよう。ストローまたはモールを切って橋の材料をつくり、絵のとおりにテープでくっつけてね。自分で設計した橋をつくってもいいよ。

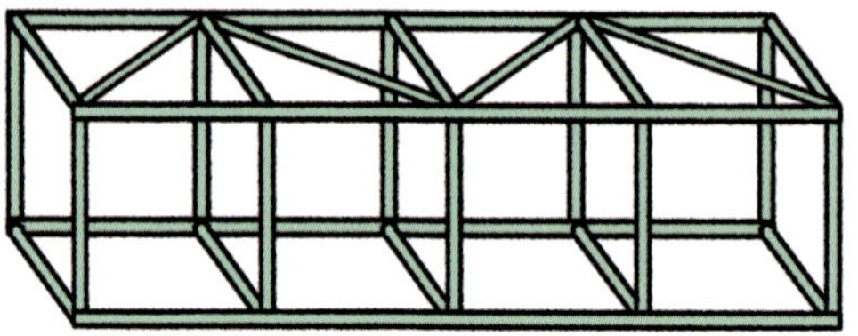

ビーム橋

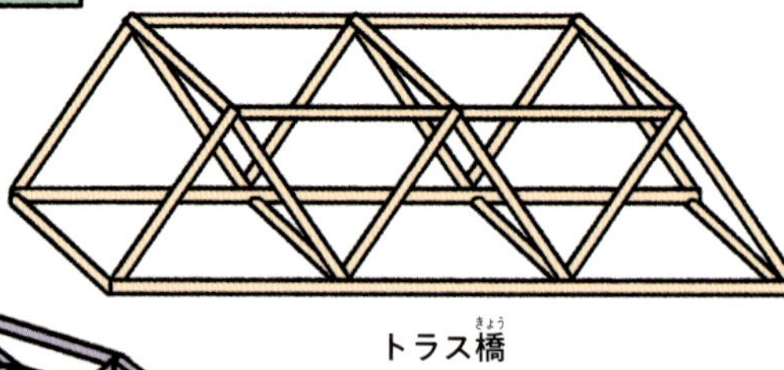

トラス橋

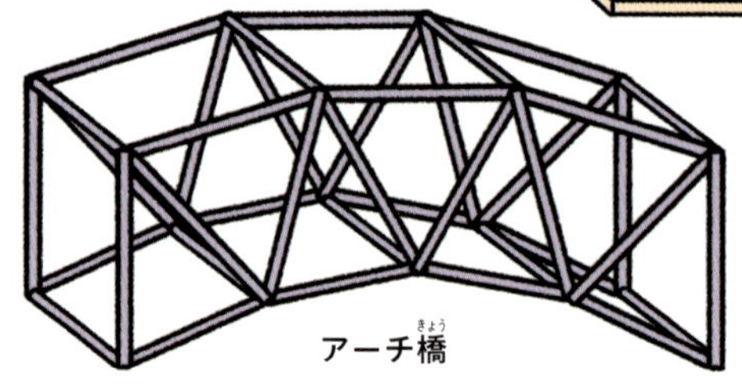

アーチ橋

2 橋の長さとはばに合わせて厚紙を切る。これを**橋床**（橋のゆか）にするよ。

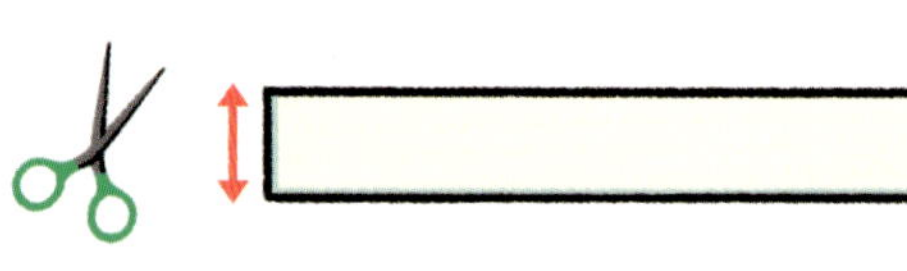

3 橋の強度をためそう。本で2つの山をつくって橋をかけ、車を走らせてみて。車に重りをつけて、どのくらいの重りで橋がたわみ始めるかたしかめよう。たわんだ部分をじょうぎではかってみてね。

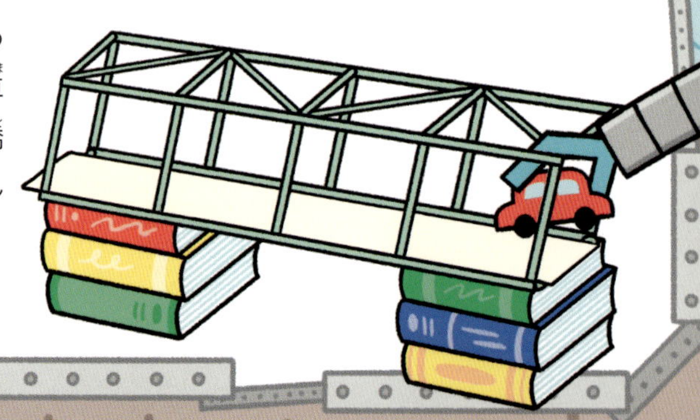

実験のかいせつ

ビーム橋を見ると、ヨコにわたした材料をタテの柱で支えているね。**トラス橋**は、柱を三角形に組み合わせることで橋を強くしているよ。**アーチ橋**は、アーチによって重みを外に逃がすことで、重みが真ん中に集中せず、全体にまんべんなく散らばるようになっているんだ。きみの橋をもっと強くするには、どこを補強すればいいかな？ 強さをかえずに安くつくるには、どこの材料をへらせばいいと思う？

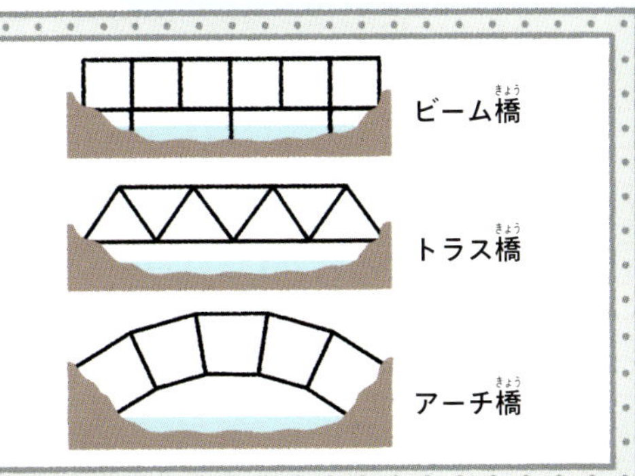

やってみよう

地面にトンネルをうめてみよう

トンネルは、ものすごくがんじょうじゃないといけないよ。どの形がいちばんいいかな？

必要なもの

- 同じダンボールでつくった四角い箱と丸いつつ（箱とつつは、はばや長さ、高さを同じにする）
- スコップまたはシャベル
- 穴をほってもいい場所
- じょうぎ

1. 地中2.5センチメートルくらいのところに四角い箱をうめ、土をかぶせる。その上に立つ。

2. 四角い箱をとり出し、つぎに丸いつつでも①と同じことをする。

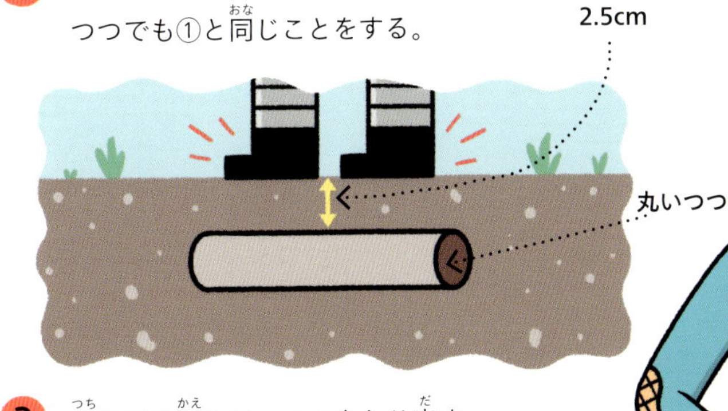

3. 土をほり返して、つつをとり出す。

実験のかいせつ

この実験をすると、丸いつつよりも四角い箱のほうがへこんだよね。丸いつつは上からの力をヨコに受け流すから、こわれにくいんだ。四角い箱も弱いわけじゃないけど、上から力がかかるとへこんでしまうよ。だから、じっさいのトンネルも四角じゃなくて、丸いつつの形をしているんだね。もっと強い力にたえられるようにつつを強くしたり、水を流したりできるようにするには、どんな工夫をしたらいいか考えてみよう。

箱

つつ

RAMP IT UP!

斜面とくさび型

つぎは、ちょっと視点をかえて、工具や機械のキホンのしかけを見ていくよ。まずは、斜面とくさび型からスタートだ！

やってみよう

斜面をつくって実験

「斜面の何がすごいの？」って思うかもしれないけど、重いものをラクに運ぶための強い味方なんだ。

必要なもの

- 重ねられるもの（本など）
- 糸
- ボール（箱よりも小さいもの）
- ダンボール箱
- はばの広いテープ
- はさみ

1. ボールのまわりに糸を2、3周まいてむすぶ。

2. ダンボール箱と同じ高さに本をつむ。糸でボールを引っぱって、本をのりこえよう。

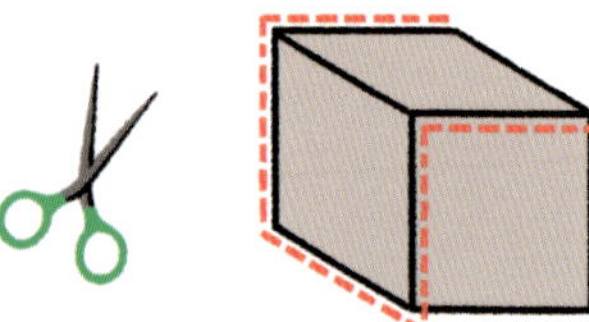

3. 箱をさかさまにして、上の絵の点線の部分を切る。

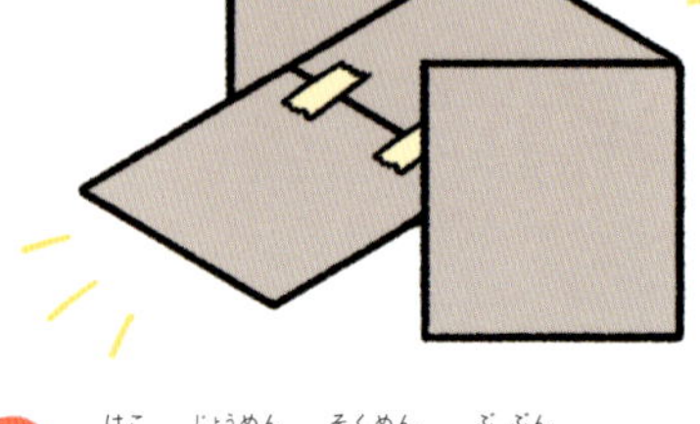

4. 箱の上面と側面の部分をまっすぐにのばし、斜面の折り目の両側をテープでとめて補強する。べつのダンボールを使って、斜面を下から支えてもいいよ。

5. 本の山の横に箱をつけ、斜面を使ってボールを引っぱり上げよう。

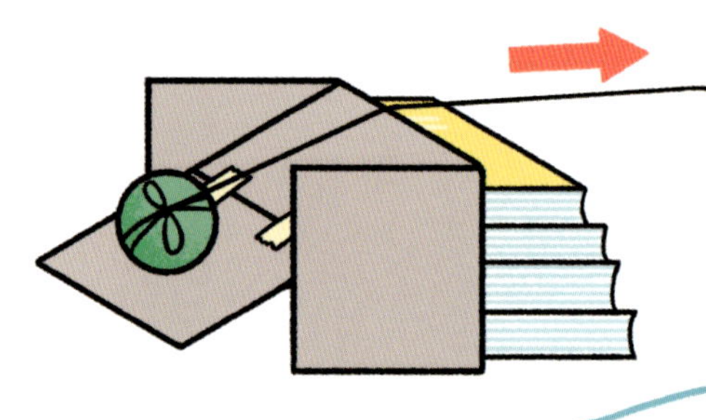

実験のかいせつ

斜面を使った場合は、ラクにボールを引っぱり上げることができたよね。斜面のしくみは、つぎのようになっているんだ。

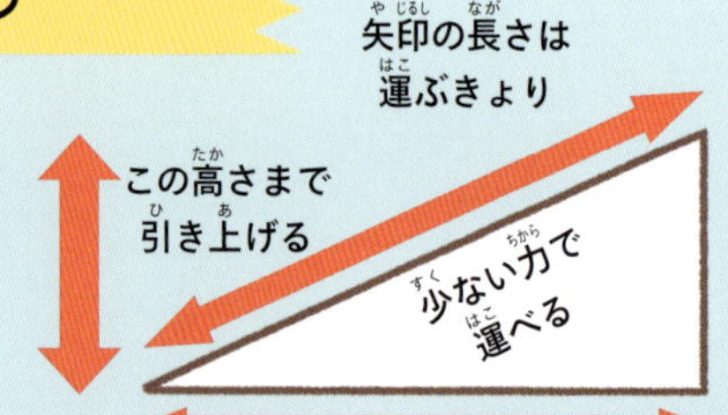

斜面の場合、運ぶきょりが長くなる代わりに、引き上げる力は少なくてすむよ。傾斜を長くすると、それだけ運ぶきょりは長くなるけど、もっと少ない力で引き上げられるようになるんだ。

だいじな ポイント

くさび型は、動く斜面のようなものだよ。斜面を使うと物体をラクに運べるように、くさび型を使うと、少ない力で物体の中を進めるんだ。切るための工具、除雪機、チャックは、どれもくさび型を利用することで、負担を少なくしているよ。

やってみよう

くさび型のスゴさを体感

くさび型のべんりさがわかる、かんたんな実験だよ！

必要なもの

- かたいチーズとリンゴのスライス
- はば2～3センチメートルくらいの小石4個（丸い石1個、四角い石1個、くさび型（三角）の石2個）。くさび型の石は、ずんぐりしてても短くても、うすくても長くてもだいじょうぶ。
- まな板
- えんぴつ
- ノート

1. チーズを長方形に切り、まな板の上にならべる。

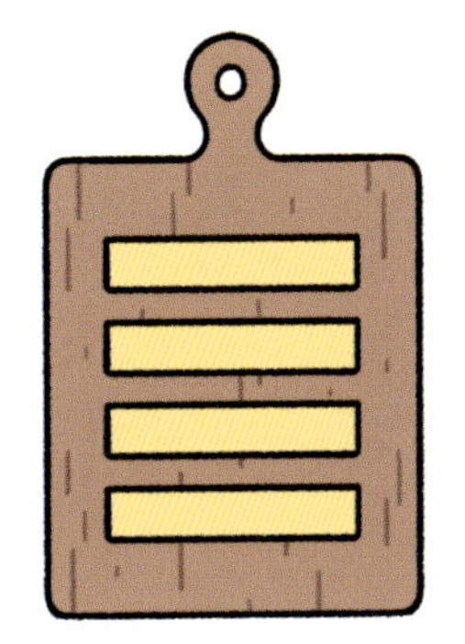

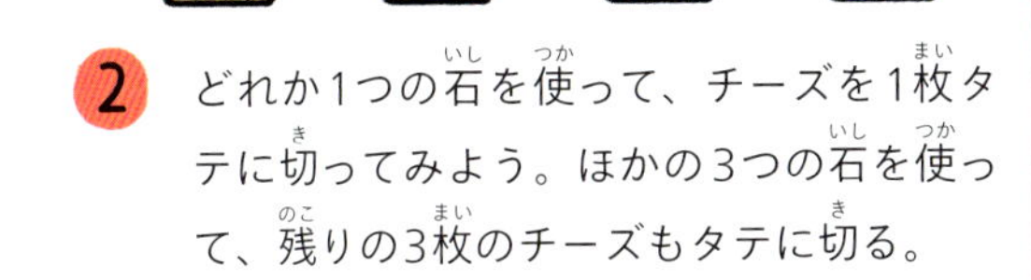

2. どれか1つの石を使って、チーズを1枚タテに切ってみよう。ほかの3つの石を使って、残りの3枚のチーズもタテに切る。

3. 石によって切りやすさにちがいはあったかな？ 気づいたことをノートに書こう。切ったあとのチーズの絵をかくのもいいかも。

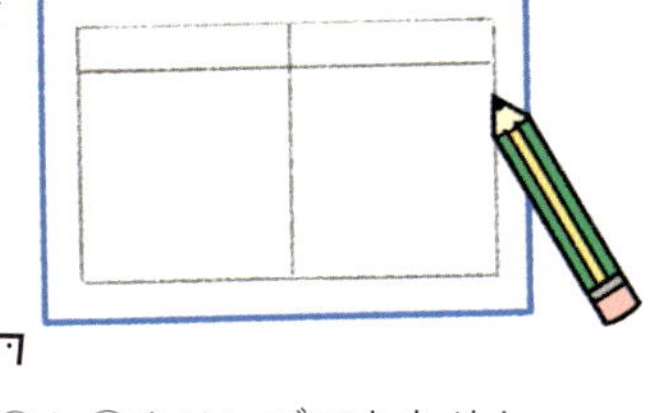

4. ①と②をリンゴでもためしてみよう。

石は洗ってよごれを落としてから使おう！
手を切らないように注意！

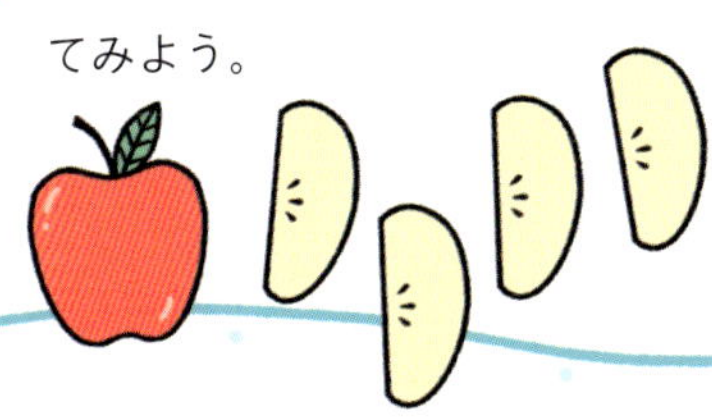

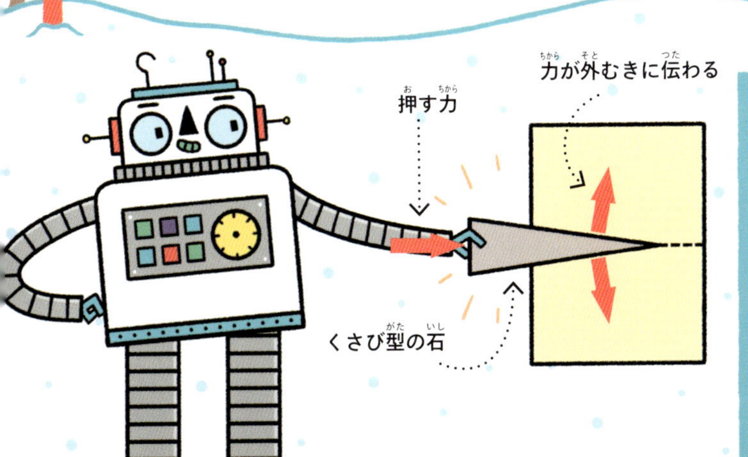

実験のかいせつ

細長いくさび型の石を使ったときが、チーズやリンゴをいちばんラクに切れたよね。くさび型は力が伝わりやすいだけでなく、力の方向もかわるんだ。くさび型だと力が外むきに伝わるから、食べ物を切りやすい。くさびの先がとがっていれば、伝わる力はもっと強くなるけど、その代わり、しっかりおくまで押しこまないと食べ物は切れないよ。

LIFTING MADE EASY

ものをラクにもち上げるには？

てこや滑車は、ものをもち上げるためのメカニズム（しかけ）で、いろいろな種類の機械で使われているよ。どんなしくみになっているのか、くわしく見てみよう。

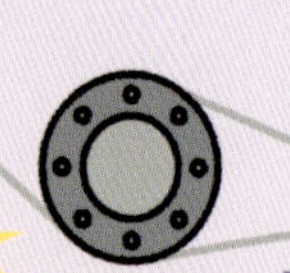

やってみよう

オドロキのシーソー

シーソーで遊ぶのは楽しいよね。ここでは小さなシーソーをつくるよ。シーソーをてんびんとして使い、実験だ！

必要なもの

- 大きめのダブルクリップ
- はさみ
- セロハンテープ
- プラスチックのコップ…2個
- いろいろなコイン（1円玉、5円玉、10円玉…それぞれ10枚　100円玉…5枚　500円玉…2枚）
- 木またはプラスチックの30センチメートルのじょうぎ

1. ダブルクリップの金具をとる。金具の両側を押すと外れるよ。残った三角形の部分を、てんびんの**支点**として使おう。

2. プラスチックのコップをじょうぎの両はしにテープでとめる。支点の上にじょうぎをのせ、シーソーをつくる。これで、てんびんの完成だ。いろいろな重さのコインを左右のコップに入れよう。

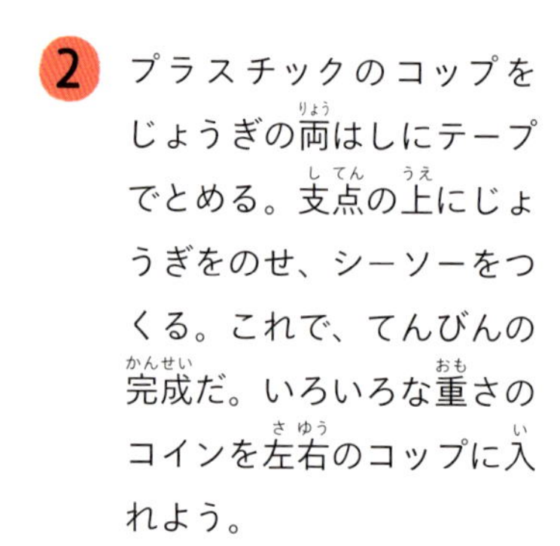

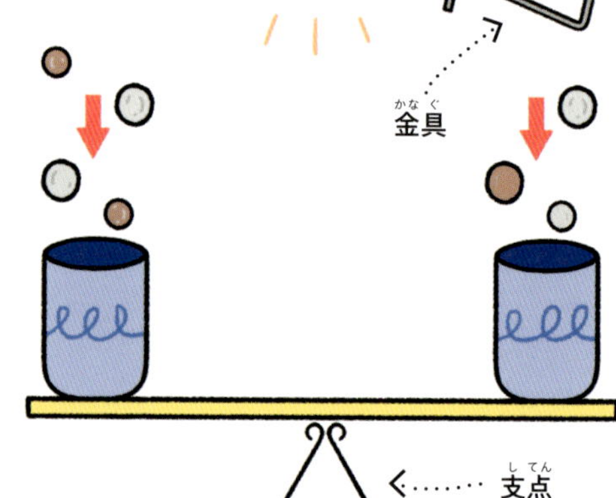

3. コップの中のコインを入れかえて、てんびんのバランスをとれるかな？じょうぎの位置を左右にずらして、支点の位置をかえてみよう。シーソーのバランスはどうかわるだろう？

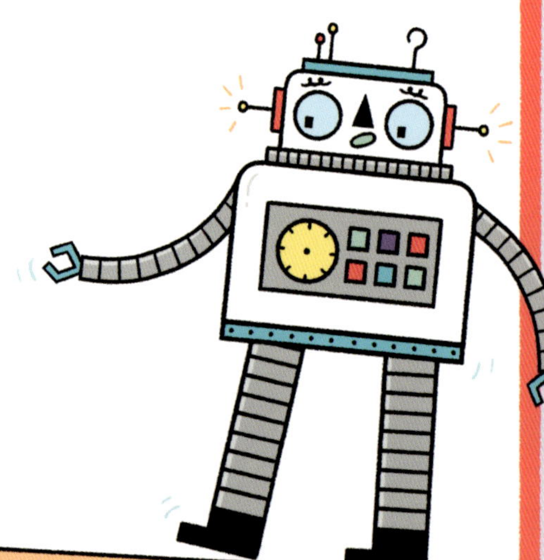

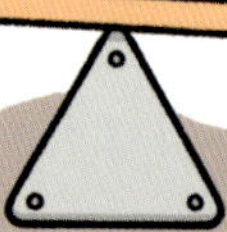

実験のかいせつ

コップやコイン以外のものをじょうぎにのせてみよう。どのくらいの重さのものをのせると、反対側にのせたものがもち上がるか、ためしてみて。支点の位置をかえると、どうなるかな？ 支点を重りの側に近づけると、反対側にかける力が少なくても重りをもち上げることができるよ。重りの重さがかかる点を**作用点**、力をかける点を**力点**といい、支点、力点、作用点のある道具を**てこ**というよ。

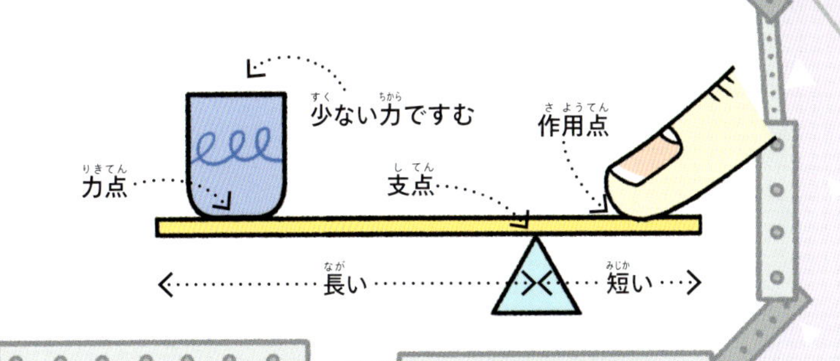

知ってる？

滑車のからくり

滑車は、大むかしから使われてきた、たんじゅんなつくりの機械だ。重いものをラクにもち上げられるよ。
滑車は、車輪にロープを回したつくりになっている。ロープを下に引くと、荷物が上がるしくみだ。2つの滑車を組み合わせると、もっとラクに荷物を上げられる。これは右の絵のように、2本のロープが重さを分け合うからなんだ。ただし、ロープを引くきょりは、重りが上がるきょりの2倍になるよ。
滑車のしかけは、クレーン、エスカレーター、エレベーターなどの機械で使われているんだ。

2本のロープ

荷物

アルキメデスの話

古代ギリシャの数学者で科学者だったアルキメデス（紀元前287年ごろ～紀元前212年ごろ）は、いち早くてこのしくみを調べて、滑車をいくつか組み合わせることを発明した人だよ。

THE WHEEL DEAL

車輪の役割

見て！ オリーブがもっているのは何かな？ この車輪も、りっぱな機械だって知ってた？ 車やローラーブレードだけじゃなく、いろいろなところで使われている、とてもべんりな部品なんだ！

やってみよう

レーシングカーをつくろう!

レーシングカーはちょっといいすぎかもしれないけれど、とにかく楽しい実験だよ！

必要なもの

- 大人の人
- 木製の洗濯ばさみ…2個
- ペットボトルのふた…4個
- ストロー…2本
- 細い針金…2本
- きり
- はさみ
- 接着剤
- 大きなダンボール
- 本
- えんぴつ
- ノート

針金の先に注意!

1 ストローを切って、3センチメートルの長さのものを2本つくる。針金をまっすぐにのばし、ストローに通す。針金がストローの中でスムーズに回ることをかくにんする。

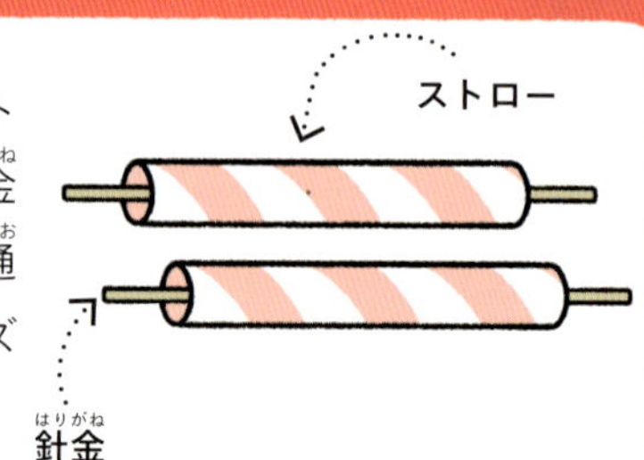

2 大人の人に、きりでペットボトルのふたに穴をあけてもらう。針金の両はしにふたを取りつけ、左の絵のように接着剤で固定する。

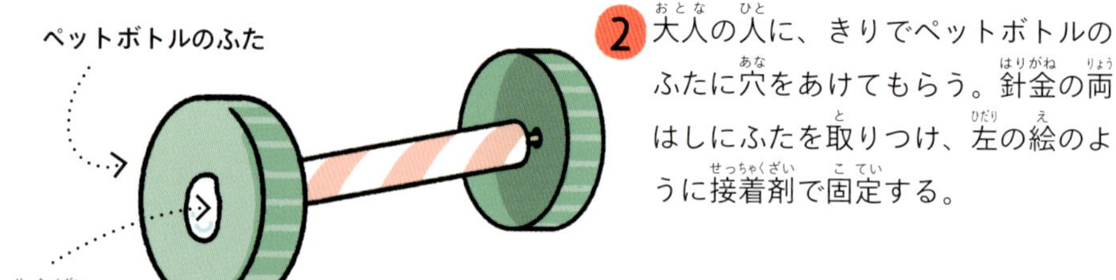

3 洗濯ばさみのV字の内側に接着剤をぬり、②でつくった車じくを押しつける。

4 洗濯ばさみの反対側のすきまにも接着剤をぬり、ここにもう1本の車じくを通す。ゆるすぎたらテープでとめよう。

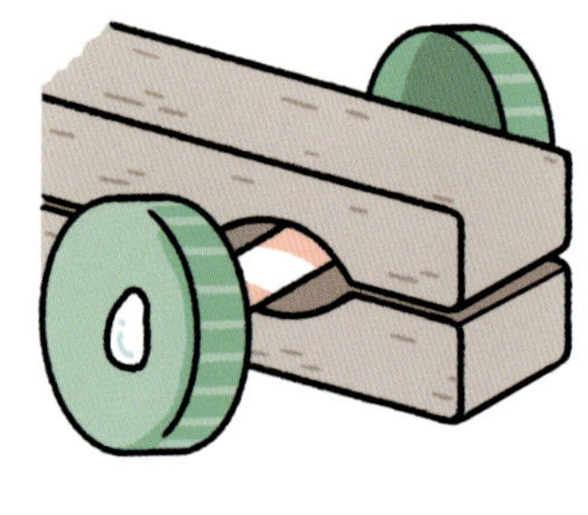

5 本を重ね、ダンボールをたてかける。まずは、車じくなしの洗濯ばさみを押してみよう。つぎに、きみがつくったレーシングカーを走らせよう。気づいたことをノートに書いてね。もう1台つくって、きょうそうしてみるのも楽しいよ！

実験のかいせつ

車輪が回るのは、針金が車体（洗濯ばさみ）にくっついていなくて、自由に回転するから。じっさいの車じくも、みんなこれと同じしくみだよ。車輪のない洗濯ばさみよりも車輪があるもののほうが、斜面を速く下ったよね。これは、洗濯ばさみとダンボールの間のまさつよりも、車じくとダンボールの間や、針金とストローの間のまさつのほうが小さいからなんだ。車輪をアルミホイルやラップや紙でつつむと、斜面を下るタイムはどうなるかな？ 実験して、ノートに記録を書こう。

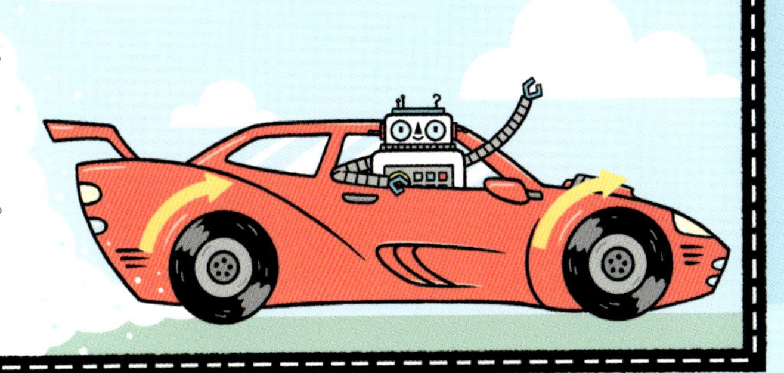

だいじな ポイント

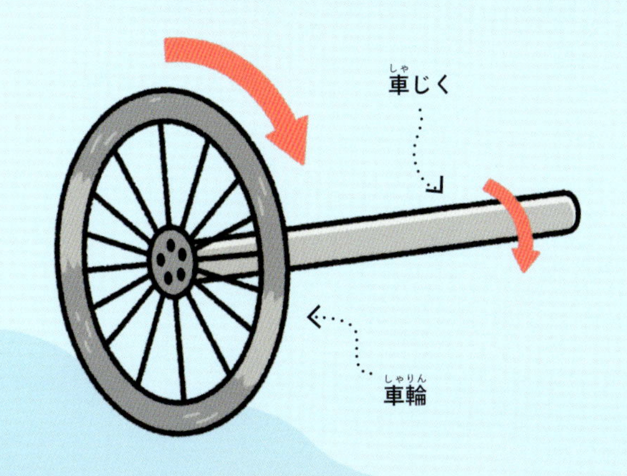

車輪と**車じく**という2つの部品は、くっついているから必ずいっしょに回る。車輪のふちは車じくよりも大きく回るから、車輪のふちをもって回せば、車じくに大きな力をかけられるんだ。反対に、車じくを回すと、車輪をもっとずっと速く回すことができるよ。

機械のなかには、このしくみをうまく利用しているものがあるよ。たとえば車の**ハンドル**だ。ハンドルのじくを回すにはハンドルをたくさん回さないといけないけど、その代わり、ハンドルを軽く回すだけで、じくに大きな力を加えられるんだ。

知ってる？

車輪のヒミツ

- 世界初の車輪は、およそ5500年前につくられた。中東で発明されたといわれているよ。
- いちばん大きな車輪は、鉱山で岩を運ぶダンプカーで使われているよ。90トンの岩を運べるものもあるんだ！

ダンロップの話

スコットランドの発明家でじゅう医だったジョン・ダンロップ（1840～1921年）は、じっさいに使える空気入りタイヤをつくった人だよ。いまでは、車やトラック、自転車など、いたるところで使われているよね。

歯車は何のために使う？

歯車は、回転するときに歯（でっぱり）がかみ合うようにできている車輪のことだよ。たんじゅんなつくりに見えるけれど、ふくざつな機械で大かつやくしている、スゴイ部品なんだ。

だいじな ポイント

歯車のヒミツ

歯車は、動く部品の力やスピードをふやすことができるスグレモノ。1つ目の歯車が回ると、2つ目の歯車に力が伝わって、その歯車は逆むきに回る。2つ目の歯車のほうが歯が少ない場合、力は弱くなるけれど、スピードは速くなるよ。2つ目の歯車のほうが歯が多い場合は、回るスピードは遅くなるけれど、力は強くなるんだ。

この歯車はどっちに回る？

やってみよう

自転車のギアで実験

自転車の**ギア**（歯車）は、スピードをちょうせつできるべんりな部品だ。大きいギアだと、どうして上り坂をラクにのぼれるんだろう？

必要なもの

- ✔ 変速機つきの自転車
- ✔ 友だち

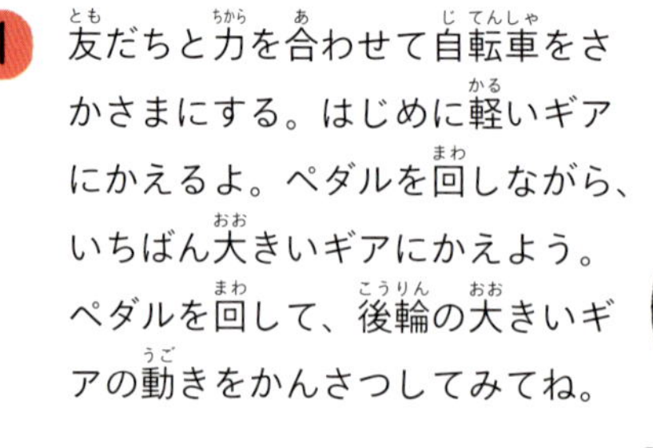

1. 友だちと力を合わせて自転車をさかさまにする。はじめに軽いギアにかえるよ。ペダルを回しながら、いちばん大きいギアにかえよう。ペダルを回して、後輪の大きいギアの動きをかんさつしてみてね。

2. シフトレバーを使ってギアをかえる。チェーンが小さいギアに移動するよ。ペダルを回して、大きいギアの動きをかんさつしよう。

実験のかいせつ

大きいギアは、回転はゆっくりだけれど、小さいギアよりも大きな力を伝えてくれる。重いギア（小さいギア）は、平らな道でスピードを上げるときにべんりだよ。軽いギア（大きいギア）にすると、少ない力で上り坂をのぼれるんだ。

やってみよう

歯車をつくってみよう

お家にある材料を使って、歯車をつくってみよう！

必要なもの

- 大人の人
- ダンボール…2枚
- ペン
- トレーシングペーパー
- はさみ
- がびょう…2個
- セロハンテープ

がびょうの先に注意！

1. トレーシングペーパーを使って、下の2つの歯車（AとB）の絵を写す。
2. 歯車の形に切り、ダンボールにはる。

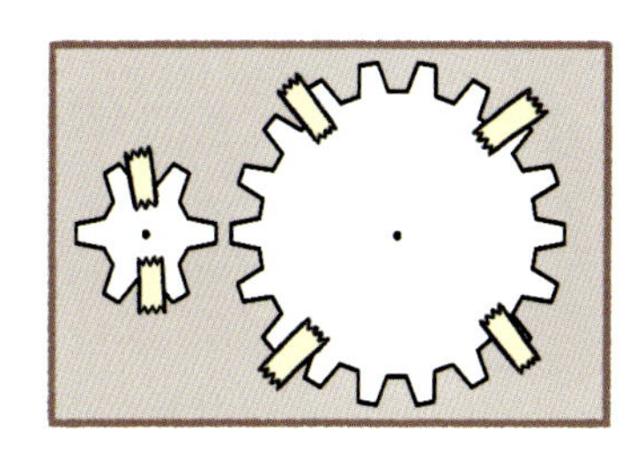

3. トレーシングペーパーにそってダンボールを切り、歯車を2つつくる。
4. もう1枚のダンボールの上に、歯車の歯をかみ合わせた状態でのせる。大人の人に手伝ってもらいながら、歯車の中心にがびょうをさす。

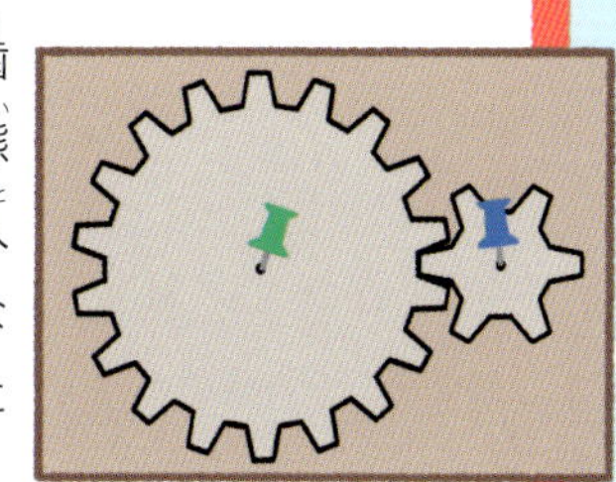

5. 小さい歯車を回すと、大きい歯車はどのように回るかな？ つぎに大きい歯車のほうを回して、小さい歯車の動きをかんさつしよう。

（歯が18個）

B

（歯が6個）

A

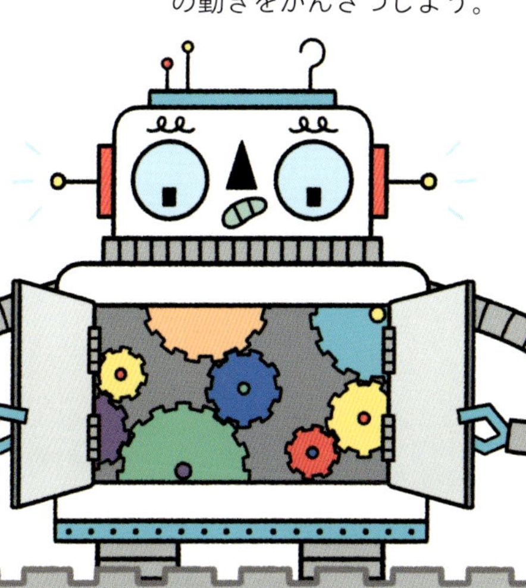

実験のかいせつ

2つの歯車は必ず反対むきに回るよね。それに、回転するスピードもちがう。大きい歯車が1回転する間に、小さい歯車は3回転する（歯18個が1回転＝歯6個が3回転）。小さい歯車は大きい歯車の3倍速く回るけれど、伝える力は小さくなるよ。いいかえると、小さい歯車の3回転分の力は、大きい歯車の1回転分の力と等しいってこと。この比率を**歯車比**というよ。車やバイクなどでは、歯車を機械につなげることで、機械の動く力やスピードをコントロールしているんだ。実際の歯車では、同じ歯ばかりが当たって、すり減り具合がかたよらないように、歯の数は**互いに素**（同じ約数を持たない）の関係になっていることが多いんだ。よく考えられているよね。

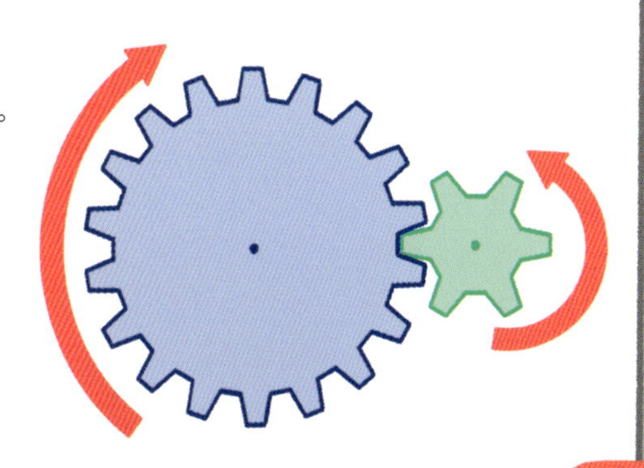

RACKS, CAMS, CRANKS & RATCHETS

動きの方向をかえるしくみ

歯車はたしかにスゴイけれど、たんじゅんでべんりなしかけはほかにもあるよ。いろいろな機械で役立っている部品のしくみを見てみよう。

ものごとのしくみ

※35ページも見てみよう

ラック、カム、クランクのしくみ

ほかのしかけと同じように、**ラック**と**カム**と**クランク**も、力のむきをかえることができるんだ。

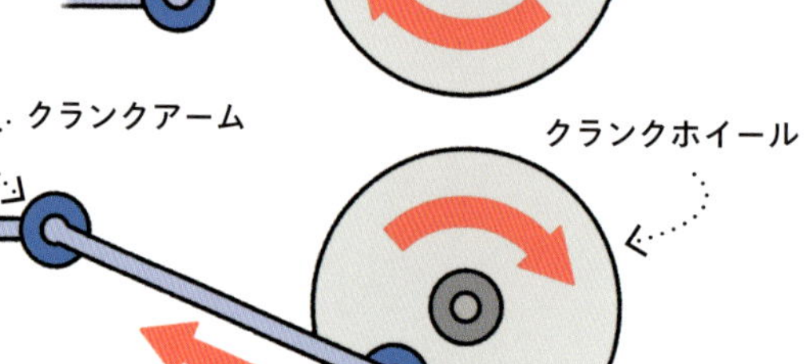

ピニオンギア

ラック

1. **ピニオンギア**は小さな歯車。ピニオンギアの歯とラックの歯をかみ合わせることで、回転をまっすぐな動きにかえたり、まっすぐな動きを回転にかえたりすることができる。

2. **クランクホイール**の回転を、**クランクアーム**の横むきの動きにかえる。反対に、クランクアームを左右に動かすと、クランクホイールを回すことができるよ。

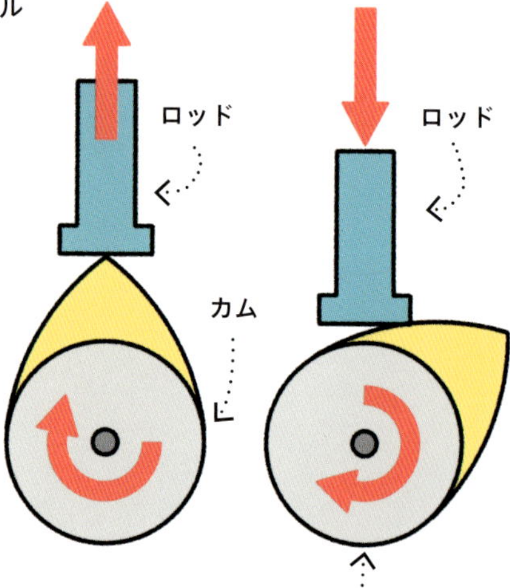

3. **カム**が回ると、**ロッド**が押し上げられる。ロッドは重力で落ちてきて、またカムによって押し上げられる。

やってみよう

ラチェットのしくみを知ろう

ラチェットは、ほかの3つとはちがう種類の部品だよ。自分でつくって、そのしくみをたしかめよう。

必要なもの

- ✔ 大人の人
- ✔ 厚紙
- ✔ えんぴつ
- ✔ はさみ
- ✔ スチレンボード（厚さ５ミリくらいのもの）
- ✔ 厚いダンボール
- ✔ がびょうをさすためのコルクボード（またはダンボールを重ねてのりづけする）
- ✔ がびょう…2個
- ✔ じょうぎ
- ✔ コンパス

がびょうの先に注意！

1 コンパスを使って厚紙に直径8センチメートルくらいの円をかく。

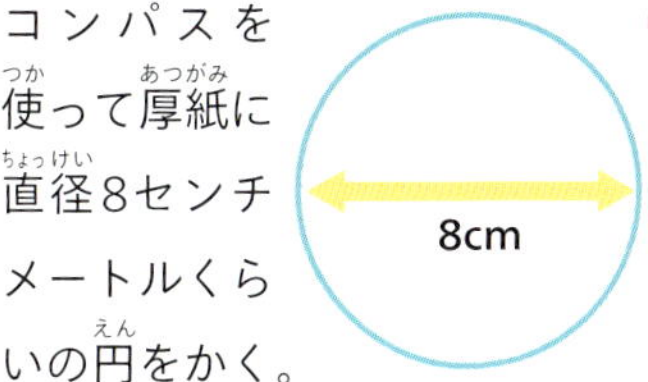

2 ①の円の内側に、直径が2センチメートル短い円をかく。

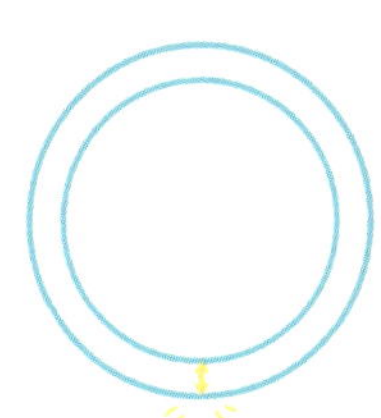

3 2つの円の間に、左の絵のようにラチェットの歯車の歯をかく。歯の大きさも、歯と歯の間かくもできるだけ同じになるようにしよう。

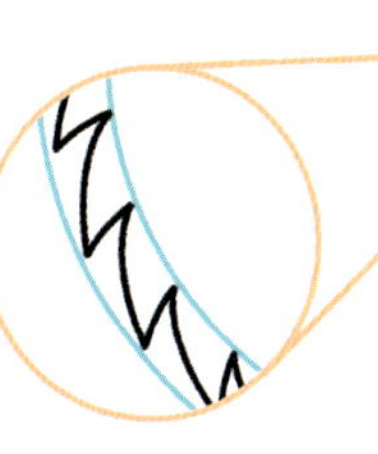

4 ラチェットの歯車の形に厚紙を切る。スチレンボードにのせ、えんぴつでなぞる。

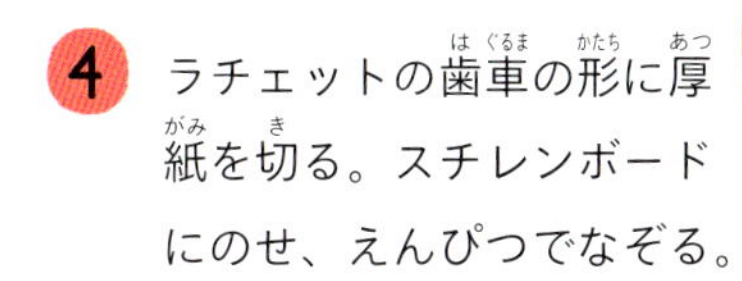

5 線にそって切り、スチレンボードの歯車をつくる。

6 大人の人に手伝ってもらいながら、歯車の中心にがびょうをさし、それをコルクボードにさす。

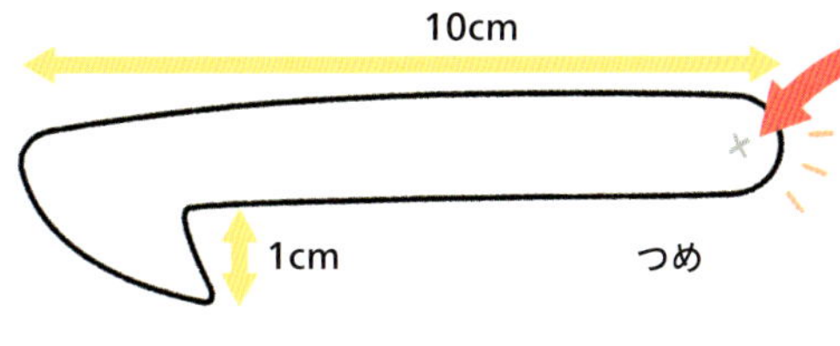

7 上のようなつめの絵を厚紙にかき、その形に切る。つめのバツのところにがびょうをさす。歯車の歯とかみ合うように、つめをコルクボードにさす。歯車をまわしてみよう。

実験のかいせつ

つめには、歯車が一方向にしか回らないようにする役割がある。じっさいに歯車を2つの方向に回してみよう。つめはどんなふうに動くかな？ このように、ラチェットは、歯車が逆回転しないようにするためのしかけなんだ。そして、自転車のペダルをこいでも前にしか進まないのは、ラチェットが使われているからなんだ。

STRETCHY AND SPRINGY STUFF

のびちぢみする部品

機械を設計する工学の技術者は、エネルギーのしくみを一から十まで理解していないといけない。まずは、のびちぢみする部品にはたらくエネルギーを見てみよう。注目するのは、位置エネルギーだよ。

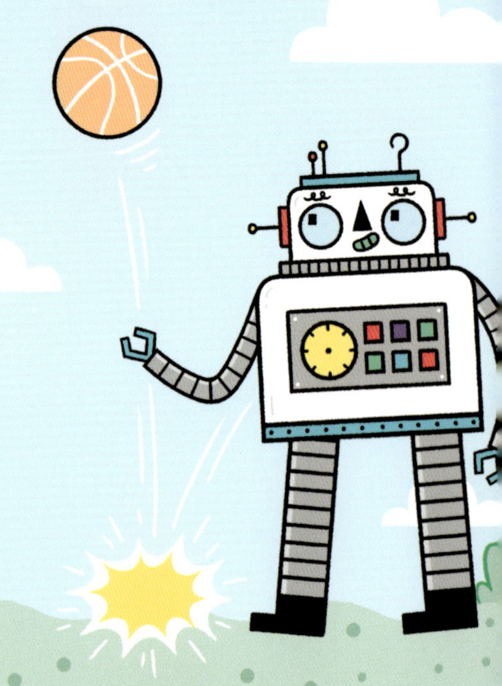

だいじなポイント

位置エネルギー

9ページの輪ゴムの実験を覚えているかな？ 位置エネルギーは、物体にたまるエネルギーだったね。物体の位置をかえるとエネルギーがたまって、物体がもとの位置にもどるときに使われるんだ。位置エネルギーには右の2種類があるよ。

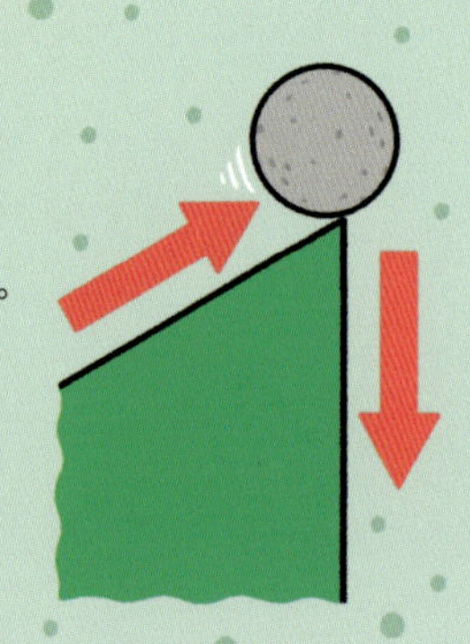

岩を坂の上までもっていくと、重力による位置エネルギーがたまる。このエネルギーは、岩が落ちるときに使われるよ。

ばねを押しつぶすと、**弾性力**による位置エネルギーがたまる。手をはなすと、ばねはどうなると思う？

やってみよう

ばねで実験！

かんたんな実験だよ！ ばねのしくみにくわしくなろう。

必要なもの

- 大人の人
- ゼムクリップ
- えんぴつ

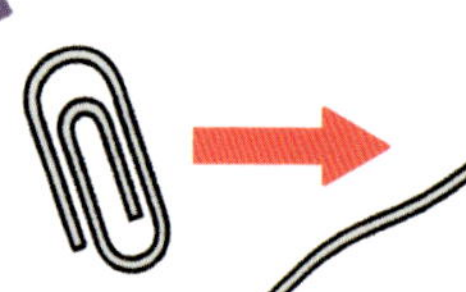

1. 大人の人に、ゼムクリップをまっすぐにのばしてもらう。
2. えんぴつのまわりにしっかりと巻きつけて、ばねの形をつくる。
3. 指でばねを押す。

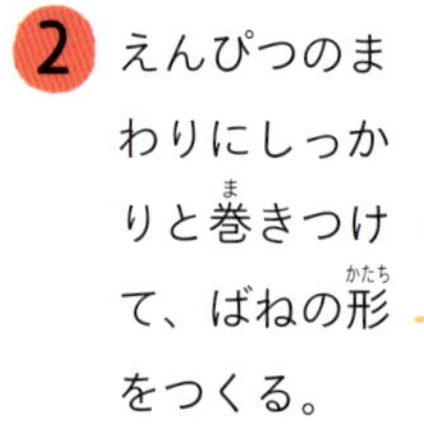

ゼムクリップのとがった部分に注意！

実験のかいせつ

ばねを押しつぶすと、ばねがちぢんだ分だけ位置エネルギーがたまる。この位置エネルギーは、ばねがもとの形にもどるときに放出されるよ。だから、ばねはのびちぢみするんだね！

やってみよう

輪ゴムで紙飛行機を飛ばそう!

弾性力の位置エネルギーを使って、紙飛行機を飛ばしてみよう。

必要なもの

- 紙
- 輪ゴム
- わりばし
- セロハンテープ
- はさみ

1 絵のように紙をいったん半分にして折り目をつける。

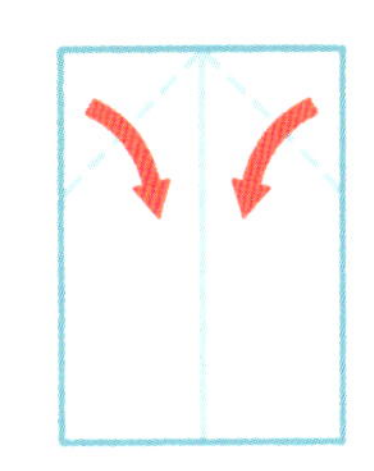

2 絵のように、角を三角形に折り曲げる。

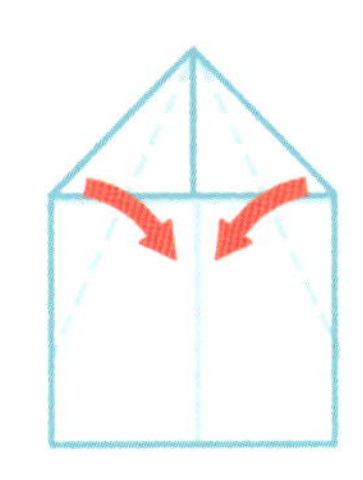

3 同じ角をもう一度三角形に折り曲げる。

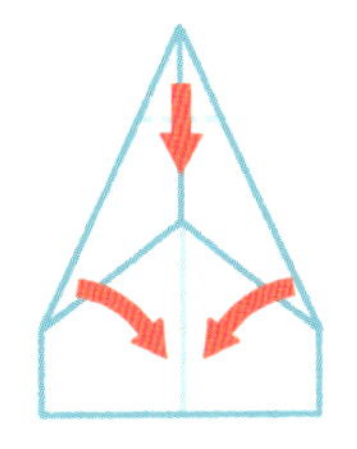

4 絵のように、とがった部分を内側へ折ったら、①の折り目を閉じる。

5 絵の点線で示した位置を折り曲げてつばさをつくる。前側にはセロハンテープをはり、はさみで切り込みを入れて輪ゴムが引っかかるようにしよう。

6 わりばしをわって交差させ、真ん中を輪ゴムでぐるぐる巻きにして固定する。つぎに、絵のようにわりばしの2か所に輪ゴムを取りつける。セロハンテープで補強するといいよ。

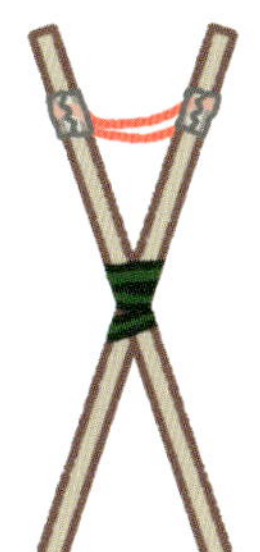

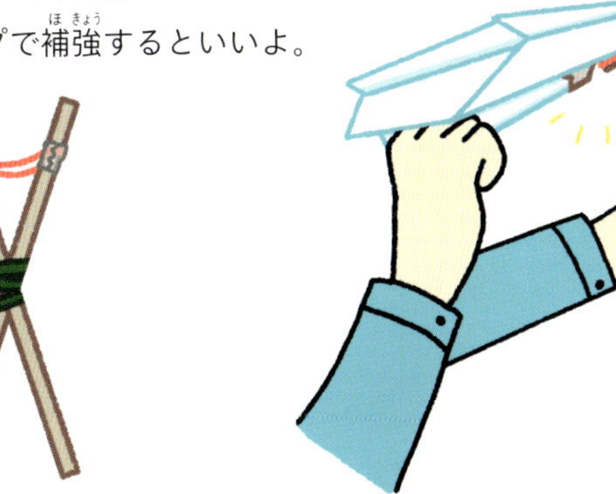

7 ⑤でつくった切り込みを輪ゴムに引っかけて、飛行機をうしろに引いて手をはなそう!

ぜったいに人にむけて飛ばさないでね!

実験のかいせつ

紙飛行機をうしろに引くと、輪ゴムにエネルギーがたまる。輪ゴムを引っぱると輪ゴムの中の分子がまっすぐにのびて、手をはなしたときに、もとの形にパチンともどるんだ。このときに、位置エネルギーが運動エネルギーにかわって、紙飛行機が飛んでいくというからくりだよ。

引っぱる前

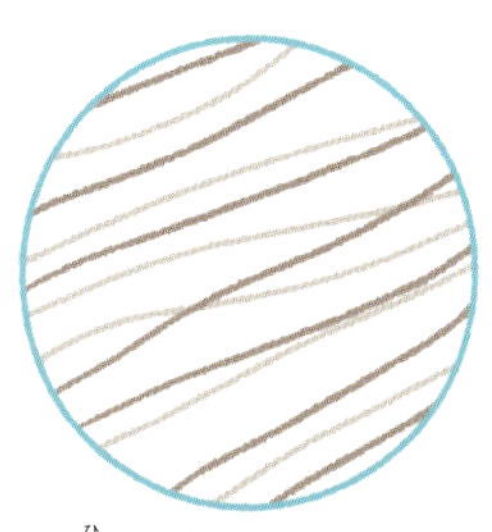

引っぱっているとき

手をはなしたあと

PUFFING AND CHUGGING

シュッシュッポッポ…
蒸気機関の世界

建物や機械をつくる工学者のほかに、乗り物をつくっている人たちもいるよ。まずは、蒸気機関から見てみよう！ むかしながらのパワフルなエンジンは、どんなしくみで動くんだろうね？

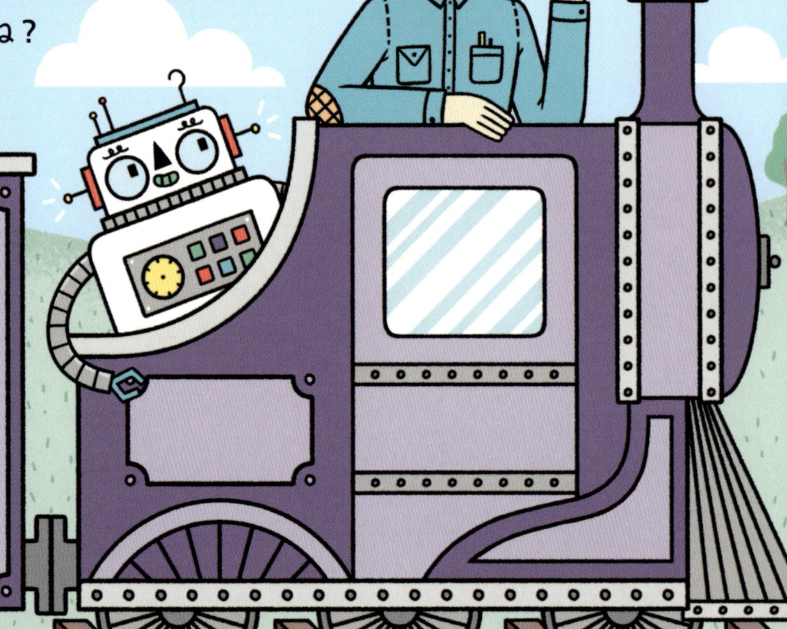

だいじなポイント

機械で乗り物を動かす

人の筋肉はそんなに速く動かせないし、いつかはつかれちゃうから、できることには限界がある。でも、機械はつかれ知らずだ（部品がすりへったり、こわれたりすることはあるけれど）。機械は**燃料**（石炭や石油）のエネルギーを運動エネルギーにかえることで動くよ。

やってみよう

空気を温めるとどうなる!?

実際の蒸気機関では、熱で水が液体から気体にかわる**状態変化**を利用しているんだ。このときの体積変化は約1700倍で、空気が熱でふくらむよりも大きな力が生じるよ。

必要なもの

- ✔ 大人の人
- ✔ 大きなボウル…2つ
- ✔ ペットボトル…2本
- ✔ 風船
- ✔ 氷
- ✔ 水
- ✔ お湯

氷やお湯でけがをしないように注意！

1. 片方のボウルに氷と水を入れる。

2. 風船を何回かふくらませたり、しぼませたりしてやわらかくする。

3. 風船をペットボトルの口にかぶせる。

4. 大人の人に手伝ってもらいながら、2つ目のボウルにお湯を入れ、数分間冷ます。

5. お湯のボウルの中にペットボトルを立たせ、かんさつする。

6. もう1本のペットボトルにも風船をつけ、氷水のボウルの中に立たせる。どうなるかな？

実験のかいせつ

ペットボトルを氷水に入れると風船はしぼむけれど、お湯に入れると風船は少しだけふくらむよ。これは、ペットボトルの中の空気が温められて、速く動き回るからだよ。空気の分子が風船の内側に強くあたり、風船がふくらむというわけなんだ。氷水のときは、これと逆のことが起きる。分子の動きがにぶくなって、小さくちぢこまるから、風船がしぼむんだ。

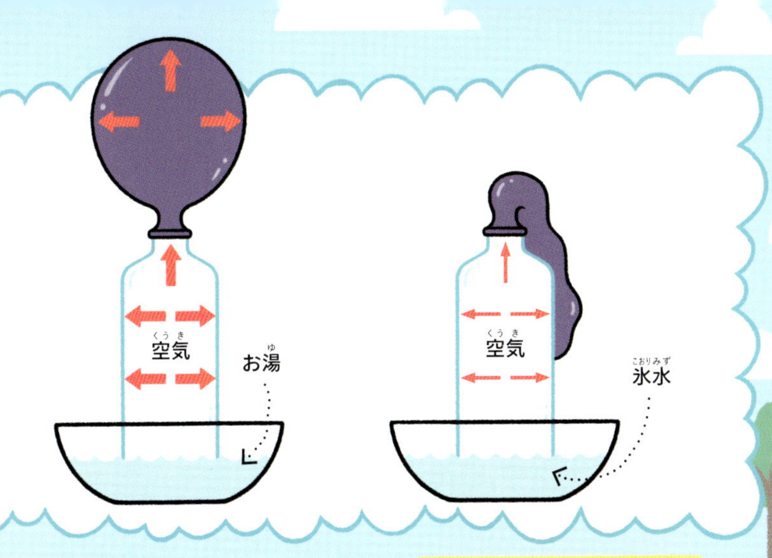

ものごとのしくみ

蒸気機関のしくみ

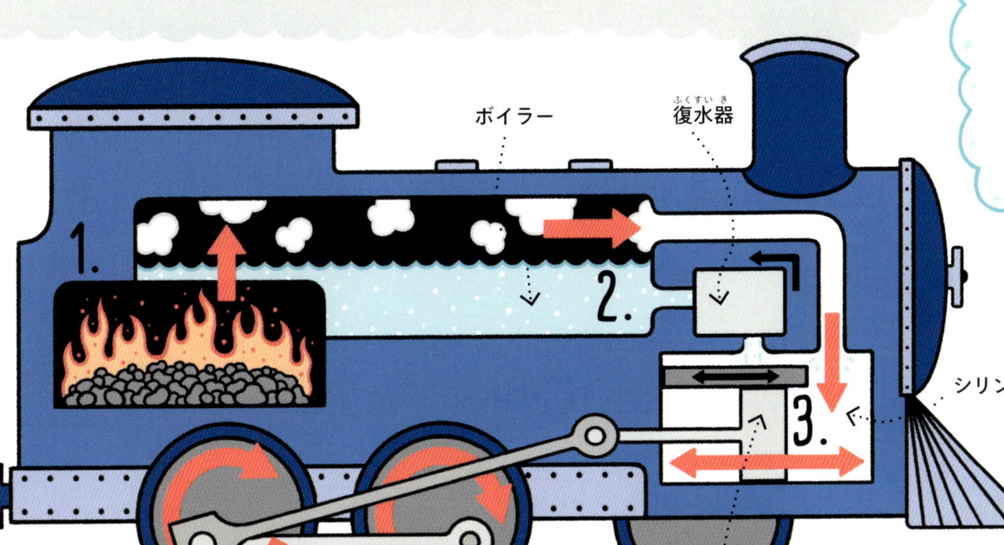

1. **ボイラー**で水を熱して蒸気にかえる。温かい空気で風船はふくらんだけれど、アツアツの蒸気は液体が気体になったものなので、ものを押す力は、くらべものにならないくらい強い。

2. 蒸気が**シリンダー**の中にある**ピストン**を押す。多くの蒸気機関（蒸気エンジン）では、「蒸気でピストンを押す」のと「蒸気でピストンをもどす」のをこうごに行っているよ。

3. クランクホイールとクランクアームが、ピストンの前後の動きを車輪の回転の動きにかえる。これで、列車が前に進むんだ。

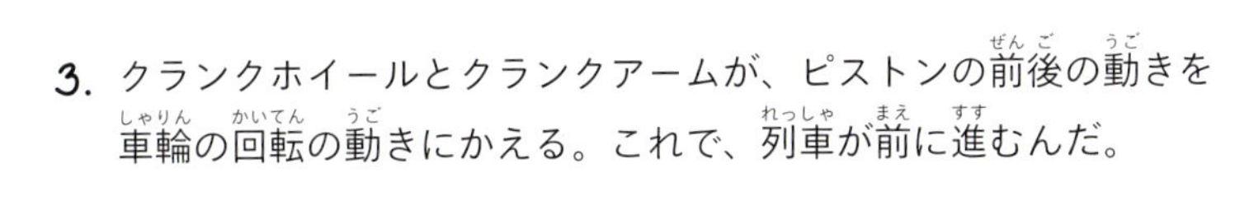

知ってる？

超臨界圧ボイラー

超臨界圧ボイラーという新しい機械を知ってる？ これは超強力な機械で、水をいっしゅんで蒸気にかえられるんだ。そんなやかんがあったら、たいへんだね！

知ってる？

むかしの蒸気船

むかしは、車や船にも蒸気機関が使われていたんだ。19世紀のはじめに登場した**蒸気船**（スチーマーともいう）は、蒸気機関で**プロペラ**や**パドル**（外輪）を回して動いていたよ。それより前のほをはった船とはちがって、あまり風の影響を受けずにすんだんだ。

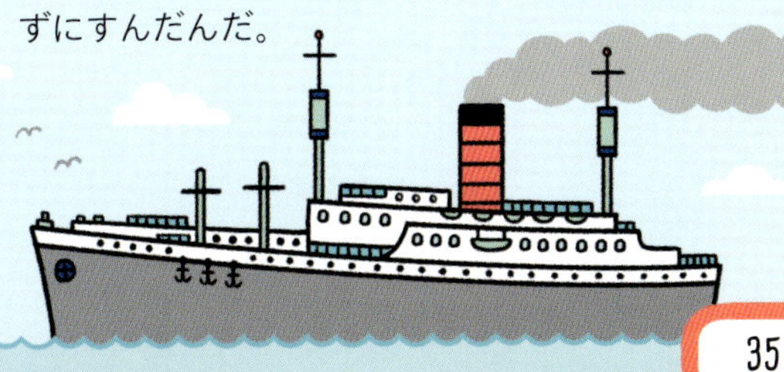

FLOATING MAGNET TRAINS

列車が宙にういて進む!?

ほとんどの列車は線路にのっかって走るけれど、宙にういて進む最新の列車もあるよ。この革命的な列車のヒミツをさぐっちゃおう！

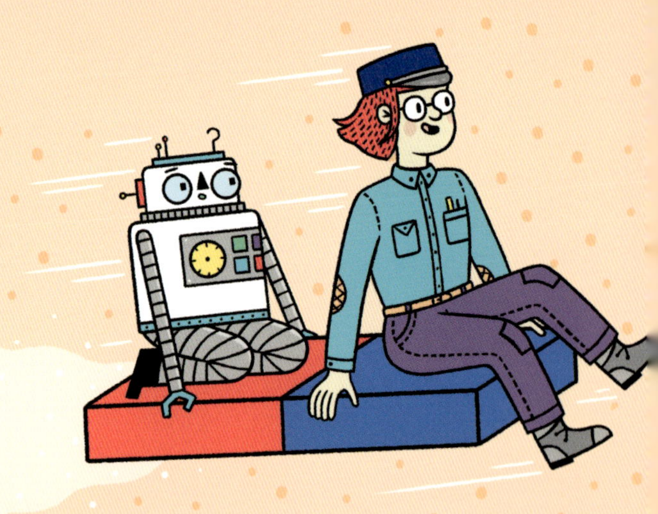

やってみよう

線路の上を走るしくみ

まずは、むかしながらの線路をつくって、そのしくみを実験でたしかめよう。

必要なもの

- 大人の人
- 厚紙
- 竹串…2本
- ペットボトルのふた…4個
- つまようじ
- ねんど
- じょうぎ
- 接着剤
- セロハンテープ
- はさみ
- きり
- コンパス

1. 平らな面に竹串を2本、平行におく。竹串の間のきょりは、つまようじと同じ長さにしよう。じょうぎで平行になっているかたしかめてから、ねんどで机に固定する。これで線路の完成だ。
2. 大人の人に手伝ってもらいながら、ペットボトルのふたにきりで穴をあける。つまようじが通るくらいの大きさにしてね。

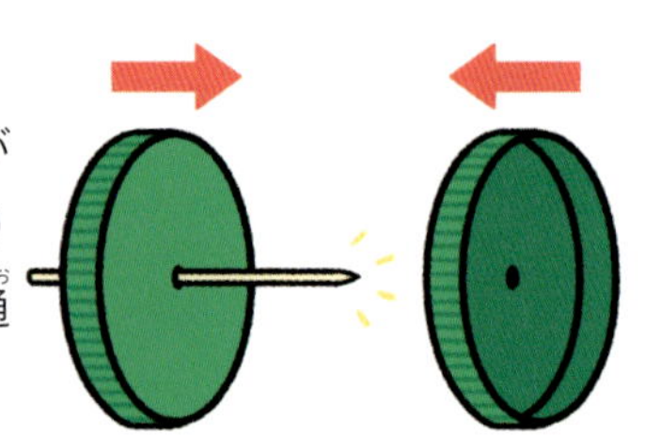

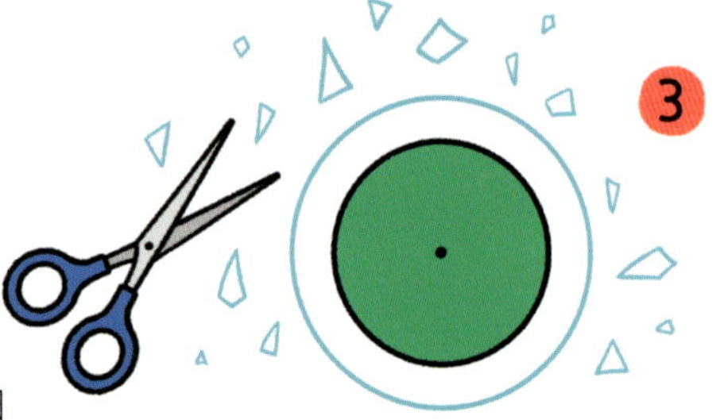

3. コンパスを使って、厚紙をふたよりも一回り大きい円の形に切り、ふたに接着剤ではる（車輪がゆかにつかないように、ふたからはみ出す部分が竹串の高さよりも小さくなるようにしてね）。車輪と車じくを右の絵のように組み立てる。

4. 厚紙を四角形に切り、つまようじにテープではる。これで列車の完成だ。

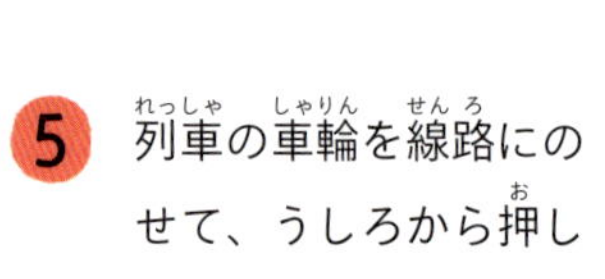

5. 列車の車輪を線路にのせて、うしろから押してみよう。

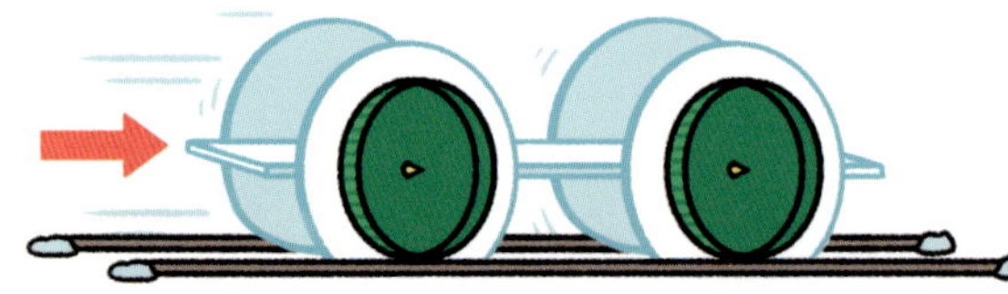

実験のかいせつ

車輪は、線路にぴったり合うはずだよ。車輪が線路から外れそうになっても、厚紙の出っぱりが押しもどしてくれる。じっさいの電車の車輪もこれと似たつくりになっているから、カーブを曲がるときでも、車輪が線路から外れないんだ。

やってみよう

磁気浮上型リニアモーターカーの実験

磁気浮上型リニアモーターカーは、磁石の力で宙にういて走る列車だよ。そのからくりを実験でたしかめよう。

実験が終わったら電池はすぐにはずそう！

必要なもの

- ✔ 大人の人
- ✔ 円形フェライト磁石（直径約2センチメートルのもの）…30個
- ✔ とうめいなプラスチックの下じき（A4）…1枚
- ✔ 単1乾電池…6本
- ✔ クリップ付きリード線…2本
- ✔ メラミンスポンジ（4センチメートル角のもの）…1個
- ✔ アルミテープ
- ✔ アルミホイル
- ✔ カッター
- ✔ 定規
- ✔ 両面テープ

4cm

1 大人の人に手伝ってもらいながら、絵のように下じきを切る。

NNNN
または
SSSS

2 切った下じきに、磁石を2段にして両面テープではる。**極**（SやN）のむきはすべて同じにして、磁石の間にすき間ができないようにしよう。

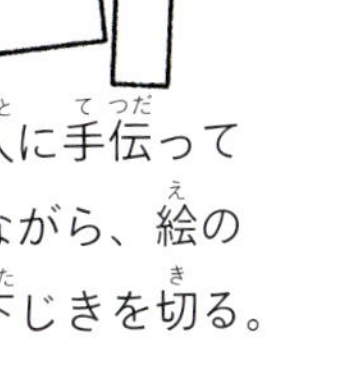

3 アルミテープをはば15ミリメートルに切り、下じきの両側にはってレールをつくる。

4 大人の人に手伝ってもらいながら、メラミンスポンジをカッターで切って車をつくる。

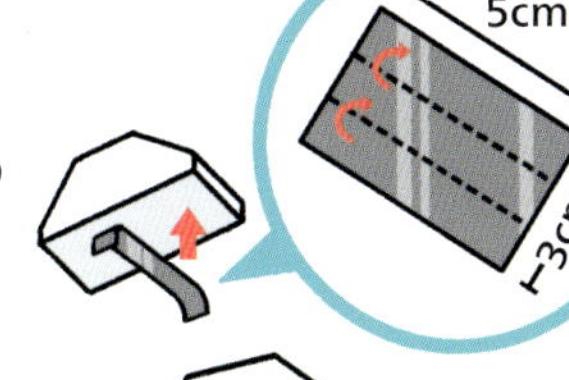

5 アルミホイルを絵のように切り、車の底面のうしろ側に両面テープではる。車のうしろ側が少しうくようにしよう。

6 レールを磁石がついてない面を上にする。レールに乾電池6本を直列につなぎ、リード線をアルミテープにつなぐ。アルミテープは定規でしごいてなめらかにしよう。

7 車を乗せれば、車が動き出すよ。

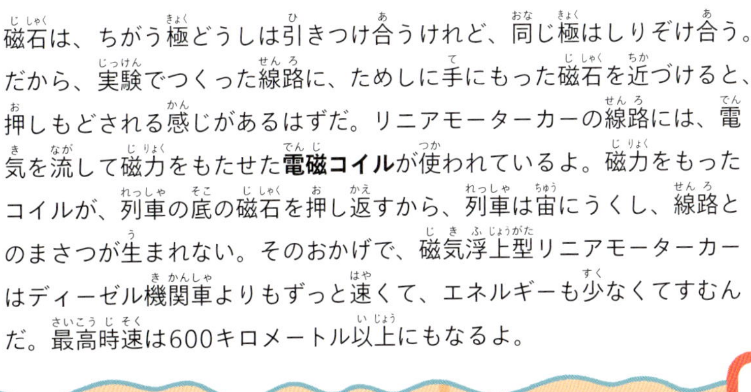

実験のかいせつ

磁石は、ちがう極どうしは引きつけ合うけれど、同じ極はしりぞけ合う。だから、実験でつくった線路に、ためしに手にもった磁石を近づけると、押しもどされる感じがあるはずだ。リニアモーターカーの線路には、電気を流して磁力をもたせた**電磁コイル**が使われているよ。磁力をもったコイルが、列車の底の磁石を押し返すから、列車は宙にうくし、線路とのまさつが生まれない。そのおかげで、磁気浮上型リニアモーターカーはディーゼル機関車よりもずっと速くて、エネルギーも少なくてすむんだ。最高時速は600キロメートル以上にもなるよ。

車のエンジンのしくみ

移動したり、ものを運んだり、私たちの暮らしにかかせない車。そんな車を動かしているのは、ガソリンやディーゼルだ。ガソリンエンジンはどういうしくみなのかな？ あのブルルルルル……っていう音はどこからきているんだろう？

だいじなポイント

内燃機関（4サイクルエンジン）のしくみ

ほとんどの車は、ガソリンを燃料にする**内燃機関**で動いている。「内燃」という名前は、エンジンの「内側」で燃料を「燃やす」ことからきているよ。内燃機関は下の4つのことをくり返しているんだ。

1. **ピストン**が下がる。空気と燃料をまぜたもの（**混合気**）が、シリンダー内に吸いこまれる。
2. ピストンが上がり、混合気が圧縮され（押しつぶされ）、温度と圧力が上がる。
3. 電気の火花によって、混合気が燃える（3a）。このとき、ガソリンの**化学エネルギー**が**運動エネルギー**にかわる。つまり、混合気が燃えたことで、ピストンが押し下げられるんだ（3b）。このことを、**パワーストローク**ともいうよ。
4. クランクシャフトの回転のいきおいで、ピストンがまた上がり、**排気ガス**が外に押し出される。

ピストンが上下に動くと、クランクによってその動きがクランクシャフトの回転にかわる。このおかげで車のギア（歯車）が動き、タイヤが回るんだ。混合気を吸いこんだりはき出したりする部分は、**弁**でコントロールされている。弁は、カムの回転によって上下に動くよ。

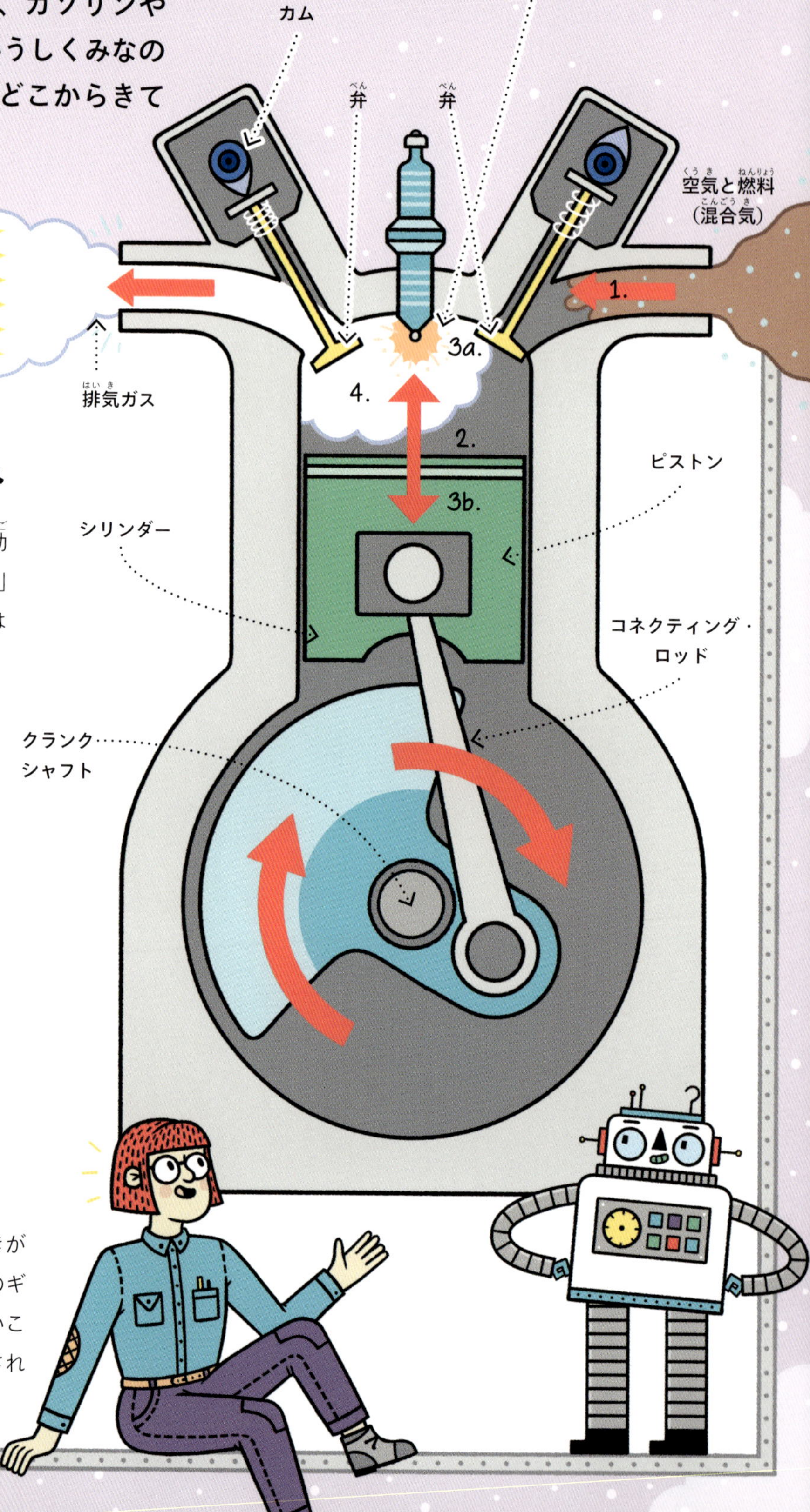

やってみよう

圧力と温度の関係

空気と燃料をピストンで押しつぶすと、どうして温度が上がるのかな？

必要なもの

- ✔ 自転車用のミニポンプ
- ✔ 強いうでの力（または大人の人）

1 ポンプの頭の部分を引く。ポンプの中に空気が吸いこまれる。

2 空気の出口を手でおさえる。

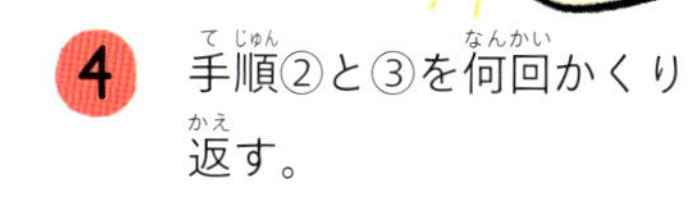

3 ポンプを力いっぱい押しこむ。必要であれば、大人の人に手伝ってもらおう。

4 手順②と③を何回かくり返す。

5 押しちぢめた空気の温度はどんな感じかな？

実験のかいせつ

熱の正体は、空気の分子の運動だよ。ポンプの頭を押すとき、きみは空気の**体積**をむりやり小さくしている。これによって分子どうしのぶつかり合いや、ポンプの内側にあたる回数がふえるから、もとの空気より温かくなるんだ。

押しつぶす前

押しつぶしたあと

知ってる？

いろいろなエンジンのとくちょう

1) **ディーゼル・エンジン**は、燃料を燃やすときに火花が必要ない。燃料が空気をピストンで押しつぶした熱だけで燃えるんだ。

2) **ガソリンエンジン**では、ガソリンの化学エネルギーを使いきれない。クランクシャフトを回すのに使われるエネルギーは、もとの化学エネルギーの半分よりも少ないよ。残りの半分か$\frac{3}{4}$のエネルギーは、熱になって消えてしまうんだ。

3) **ハイブリッド車**は、内燃機関と**電気モーター**を組み合わせた車だよ。燃料を節約できるし、排気ガスによる**汚染**を少なくできるんだ。

ディーゼルの話

ドイツ人の機械工学者ルドルフ・ディーゼル（1858～1913年）は、1890年代にディーゼル・エンジンを発明した人だよ。

自動車のハンドルとギアのしくみ

自動車工学は、自動車、トラック、バイクの設計や試験にかんする学問のこと。安全でもっと速い車をつくる方法を考えることも、自動車工学のうちだ。ここでは、車が道路にそって走るために必要な、ハンドルやギアのキホンを知ろう。

だいじな ポイント

車のハンドルとギアのからくり

ほとんどの車では、ハンドルと車じくはラックとピニオンギアでつながっているよ。

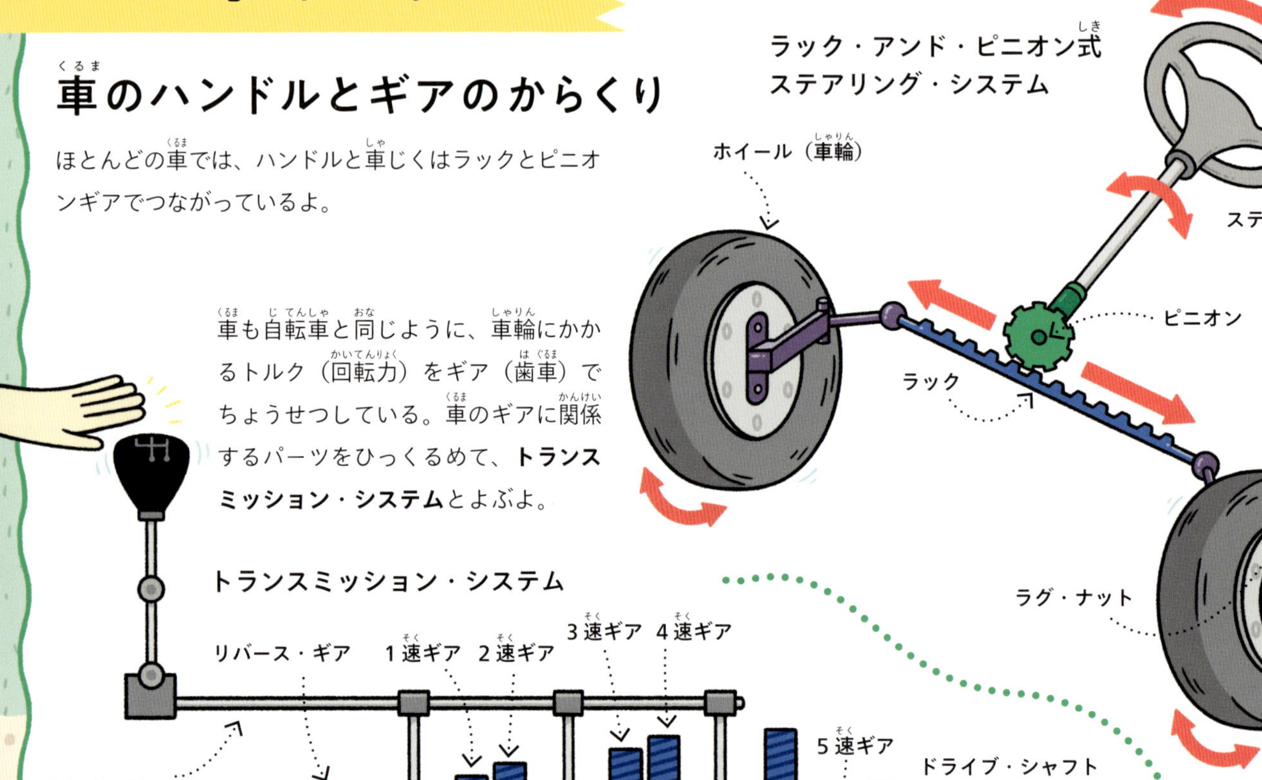

車も自転車と同じように、車輪にかかるトルク（回転力）をギア（歯車）でちょうせつしている。車のギアに関係するパーツをひっくるめて、**トランスミッション・システム**とよぶよ。

トランスミッション・システム

運転手がギアをかえるたびに、ギアの組み合わせがかわる。1速ギア（重いギア）は、小さい歯車から大きい歯車に動きを伝えるから、スピードは遅いけれど、トルクは大きくなる。坂をのぼるときや発進するときにべんりだよ。5速ギア（軽いギア）はその反対で、平らな道路でスピードを出すときに使うよ。

やってみよう

車のギアをつくってみよう

トランスミッション・システムづくりにちょうせんするよ。お家にある材料だけで、かんたんにつくれちゃうんだ。

必要なもの

- ✔ 大人の人
- ✔ 小さいダンボール箱
- ✔ 大きさのちがうペットボトルなどのふた（ギザギザがついているもの）…2個
- ✔ はさみ
- ✔ きり
- ✔ 長い竹串…2本
- ✔ じょうぎ

1 ダンボール箱の上と側面を切りとる。

2 大人の人に、きりでペットボトルのふたに穴をあけてもらう。必ず、中心にあけること。

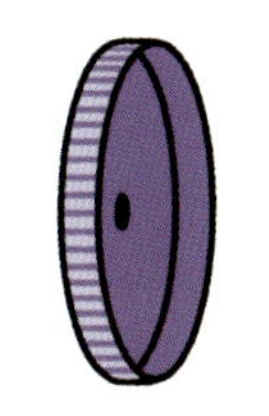

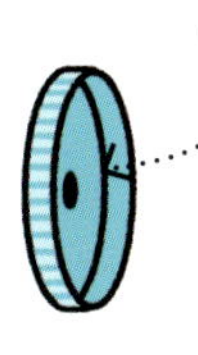

3 箱の両側の下のほうに、小さな穴を1つずつあける。じょうぎでたしかめながら、両側のまったく同じ位置に穴をあけよう。

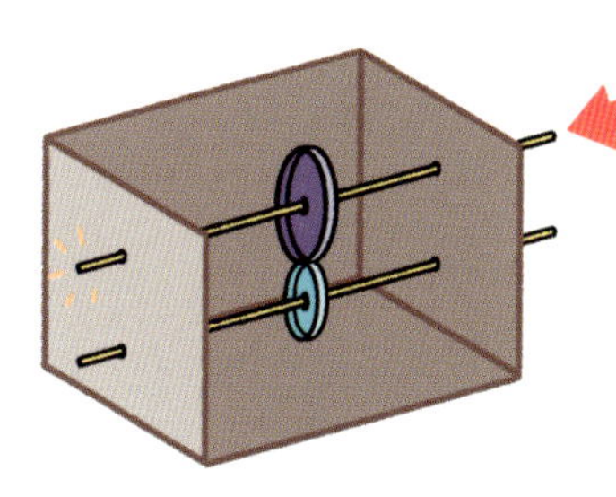

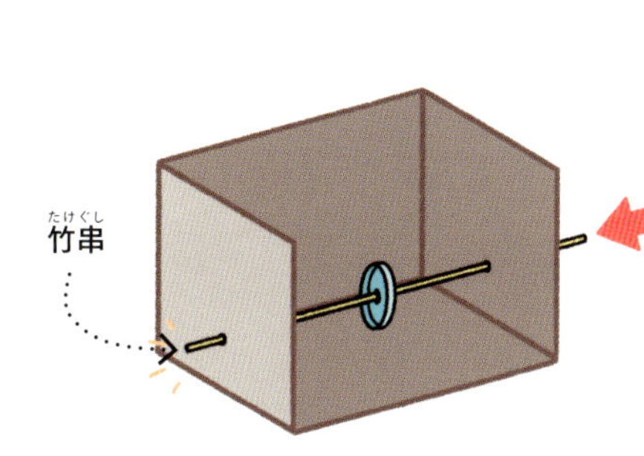

4 竹串を片方の穴に通してから、小さいほうのふたをとりつけ、竹串を反対側の穴に通す。

5 2つのふたがかみ合う位置をかくにんしてから、手順③と同じように箱に穴をあける。手順④と同じようにもう1本の竹串と大きいふたをつける。

6 下の竹串を回してみよう。

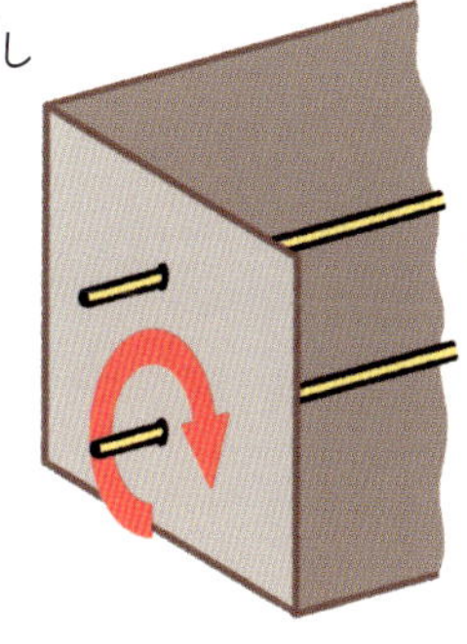

実験のかいせつ

下のふたが回ると、上のふたも回るよ。これは、じっさいのトランスミッション・システムと同じしくみだ。つぎに、ふたのギザギザを紙やすりでけずってみよう。どんな影響が出るかな？ ギアのまさつはふえると思う？ 大きさのちがうギアを足してみるのもおもしろいよ。

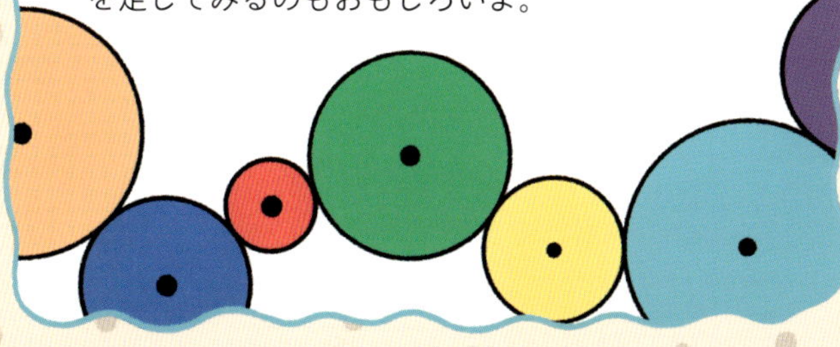

ベンツ夫妻の話

カール・ベンツ（1844～1929年）は、1885年に世界ではじめて、内燃機関で動く車をつくった人だよ。妻のベルタ・ベンツ（1849～1944年）は、会社を管理したり、お金を集めたりしたんだ。車ではじめて遠くまで旅行したりもしたよ。夫のカールにないしょでね！

SHIP-SHAPED ENGINEERING

スイスイ進む船の形のヒミツ

船や飛行機をつくるのにも、工学の技術者の力が必要だ。水の上をスイスイ進む船は、どうしてああいう形をしているのか、フシギに思ったことはない？船の形のヒミツにせまってみよう！

やってみよう

水が流れやすい形はどれ？

船舶工学者とは、海の乗り物や建物を設計する人たちのこと。物体の形と水の流れかたの関係をくわしく知っていないといけないんだ。水の流れかたを調べる学問は、**流体力学**というよ。

必要なもの

- たくさんの水
- 水がしみこまない、うすい色の大きなトレー
- 紙ねんど
- じょうぎ
- シンク（流し）またはお風呂場

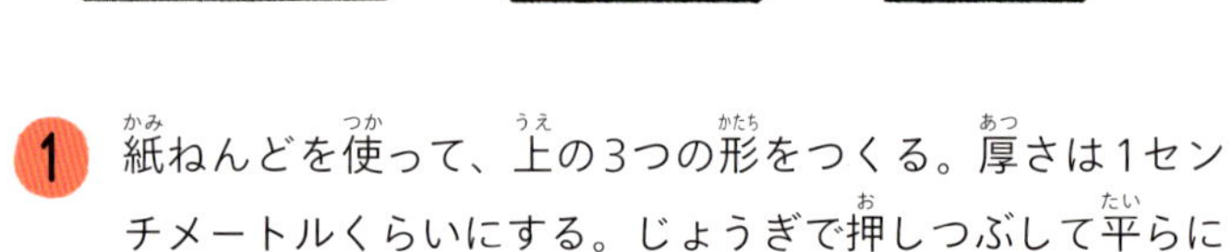

1. 紙ねんどを使って、上の3つの形をつくる。厚さは1センチメートルくらいにする。じょうぎで押しつぶして平らにしてね。

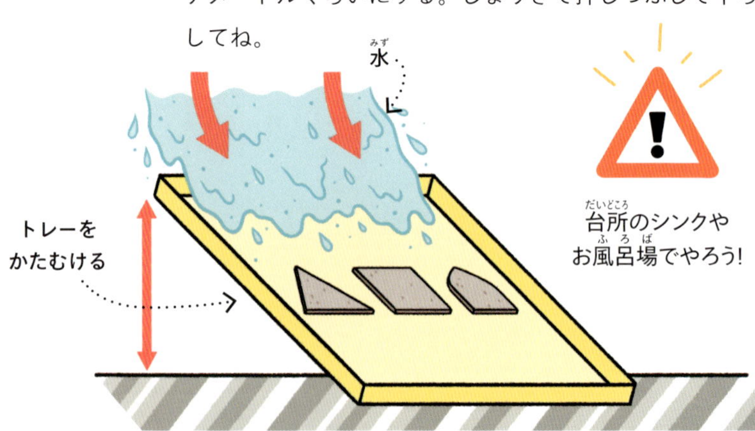

2. 3つの紙ねんどをトレーにのせ、トレーを少しだけかたむける。紙ねんどのまわりを水が流れるように、トレーの上からゆっくりと水を流そう。

実験のかいせつ

水は、船の形のまわりはスムーズに流れるけれど、四角形のまわりは流れにくい。船が前に進むときには、水によって**抗力**という力がはたらいて、船を押しもどそうとする。だけど**流線型**の船なら、抗力が小さいから、スイスイ進めるんだ。この形は船以外にも使われているよ。何に使われているかわかるかな？それから、水の中で四角形が役に立つときもあるんだ。どんな場合か考えてみよう。

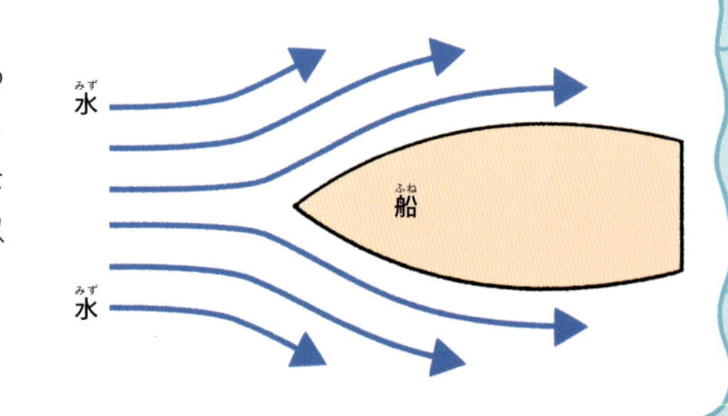

やってみよう

船が進路をかえるしくみ

流線型だと速く進めることがわかったね。でも、船はどうやって進む方向をかえているんだろう？　実験でたしかめよう。

必要なもの

- スチレンボード（厚さ5ミリメートルくらいのもの）
- じょうぎ
- えんぴつ
- はさみ
- 糸…10センチメートル
- つまようじ
- ビニールテープ
- お風呂

1 スチレンボードに右の絵の形をかき、はさみで切る。

12cm
4.5cm

2 テープで船の先に糸をつける。

糸
テープ

1cm 以内
2.25cm

3 船のうしろのはしから1センチメートル以内につまようじをさす。ちょうど真ん中にさそう。

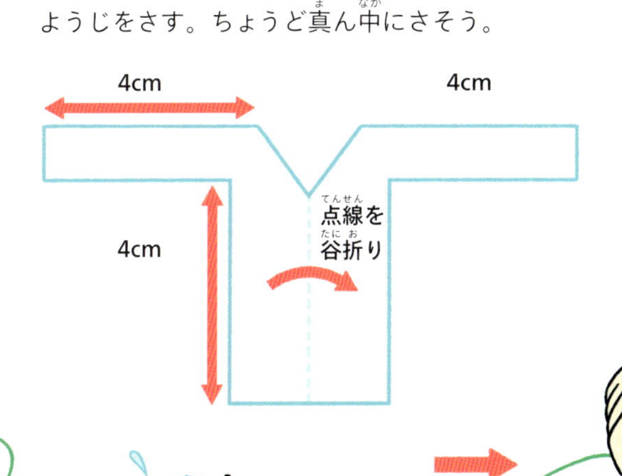

4 右の形をスチレンボードにかき、はさみで切る。点線を谷折りする。開かないようにテープでとめよう。これが、船の舵と舵柄になるよ。

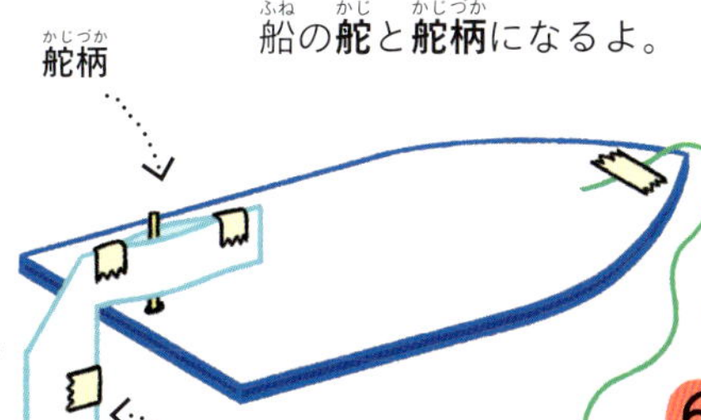

5 舵柄をつまようじに通し、テープでしっかりとめる。

6 お風呂に水をため、船をうかべたら、まずは糸を引っぱって船をまっすぐ進めよう。つぎに、つまようじを回して舵を左右どちらかに曲げてから、もう一度糸を引いてみよう。

実験のかいせつ

舵柄を左に動かすと舵が右をむく。その状態で船を引くと、舵が船の右側の水を押し返す。すると、舵と船が右に曲がるよ。舵柄を右に動かすと、こんどは船が左に曲がるんだ。

SINKING OR HOVERING?

潜水艦とホバークラフト

船の中には、水にうくこと以外の得意技をもっているものがあるんだ。たとえば、水上を走る船とか、水中にもぐる船とかね。どういうしくみなのか、実験でたしかめてみよう。

やってみよう

潜水艦を水にしずめよう

潜水艦は、水中深くにもぐれるべんりな船だ。かんたんな潜水艦をつくって、水にしずめよう！ お家の中でできる実験だよ。

きりに注意！

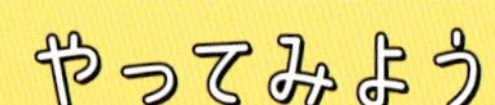

- 大人の人
- ペットボトル（500ミリリットルのもの）
- 曲がるストロー
- ビニールテープ
- お風呂または大きなボウル
- 500円玉…2枚
- 紙ねんど
- ビニールのチューブ
- きり
- プラスドライバー

1. 大人の人に、きりでペットボトルの側面に穴を4つあけてもらう。
2. 左の絵のように、ペットボトルの前後に500円玉2枚をはりつける。
3. ストローの短いほうの先をペットボトルの口に入れ、紙ねんどですきまをうめる。または大人の人にお願いして、きりとプラスドライバーを使って、ストローがちょうど通るくらいの穴をペットボトルのふたにあけてもらう。
4. 潜水艦を深くしずめたい場合は、ストローの先にビニールのチューブをつなぐ。
5. 潜水艦を水にうかべると、だんだんしずんでいく。でもチューブから息を吹きこむと、潜水艦がうかぶよ。

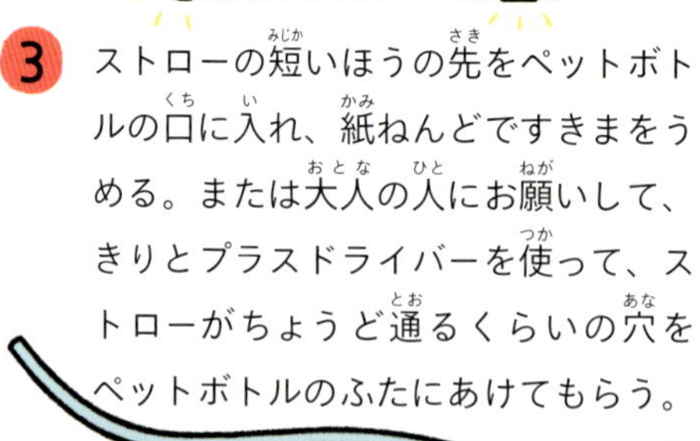

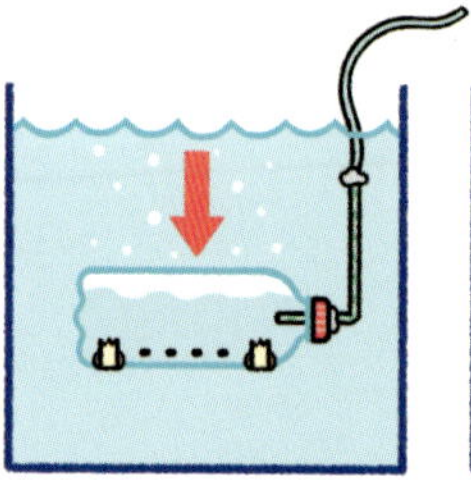

実験のかいせつ

じっさいの潜水艦も、このペットボトルと似たしくみだよ。潜水艦には水タンクがついていて、タンクを水でいっぱいにすると、潜水艦が重くなって海底のほうへしずむ。反対に、タンクから水を出して空気でいっぱいにすると、こんどは水より軽くなるから、海面に顔を出せるというわけなんだ。底の穴から水が入るとペットボトルがしずみ、チューブから空気を吹きこむと水面にうくのは、水タンクのしくみといっしょだよ。

やってみよう

うかんで走る乗り物

まほうのじゅうたんのように水上や陸上をスイスイ進めたら、かっこいいよね。**ホバークラフト**なら、その願いをかなえられるよ。

必要なもの

- 大人の人
- いらないCD
- はばの広いガムテープ
- がびょう
- ゼリー状の接着剤
- 食器用洗剤のキャップ
- セロハンテープ
- 風船

がびょうの先に注意!

1 ガムテープをはってCDの穴をふさぐ。

2 大人の人に、がびょうでガムテープに穴を6つあけてもらう。

3 大人の人に手伝ってもらいながら、6つの穴がかくれるように食器用洗剤のキャップを接着剤で貼り付ける。

4 風船をふくらませ、キャップに風船の口をかぶせる。外れそうならテープでとめよう。

5 CDをツルツルの面におく。キャップの口を引っぱって空気が通るようにすると動くよ。

ツルツルの面

実験のかいせつ

ガムテープの穴からCDの下に風船の空気が押し出されるのが、このおもちゃのポイントだよ。この空気でCDがもち上がってまさつがへるから、ホバークラフトみたいにういて進むんだ。穴の大きさをかえて実験してみてね。でこぼこの表面におくと、どんなふうに動くかな？

ものごとのしくみ

ホバークラフトのしくみ

じっさいのホバークラフトは、エンジンで強力なせん風機を回し、空気を下に吹きこむことでういているよ。空気の圧力でうくことで、地上でも水上でも、ほとんどまさつなしで進めるんだ。

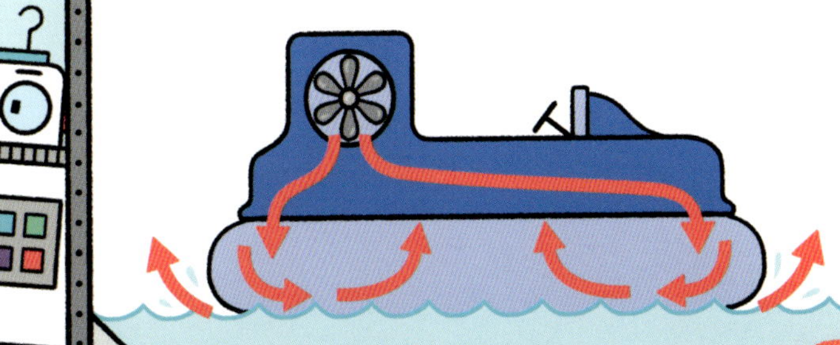

AWESOME AIRCRAFT
飛行機が空を飛ぶしくみ

空のくもをつき抜けていく飛行機のつくりかたを知れたら、きっとワクワクしちゃうよね。でも、まずは飛行機が空を飛ぶしくみにくわしくなっておこう。

だいじなポイント

飛行機はどうやって飛ぶの？

飛行機は、いろいろな力を利用して飛んでいるよ。一定のスピードでまっすぐ飛んでいるときは、右の赤い矢印の力のバランスが取れているんだ。

飛行機にはたらく力

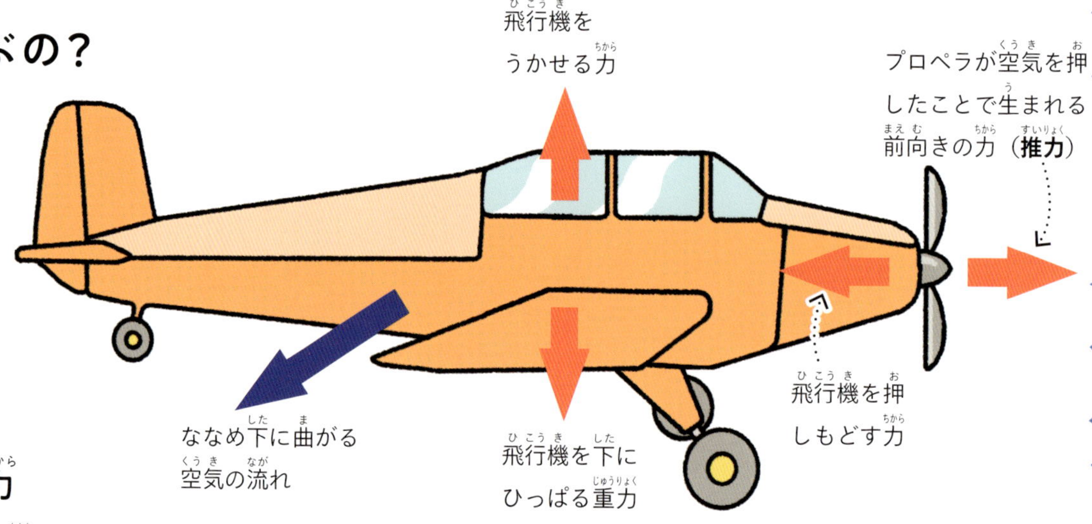

飛行機にはたらく力

飛行機がうくのは、つばさの形に秘密があるんだ。飛行機のつばさの形は**翼型**といって、つばさのななめ下に、空気が多く流れるようになっている。これによって、飛行機をもち上げる力が生まれるんだ。つばさの角度は、飛行機の種類によってちょっとずつちがうよ。

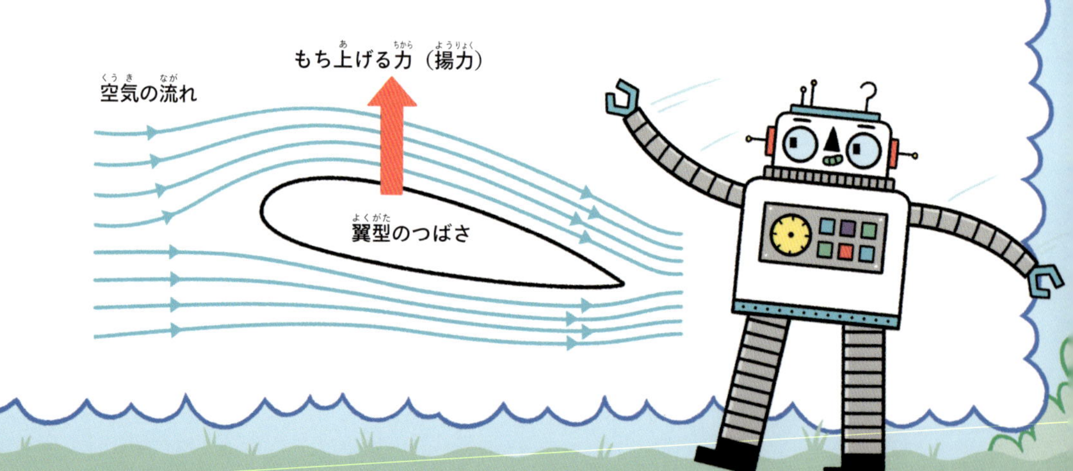

やってみよう

空を飛ぶ飛行機をつくろう

ストロー1本と紙切れ2枚で飛行機をつくろう。
「そんなことできっこない」って思ってる？
じつは、これだけでも飛行機になるんだよ！

必要なもの

- しっかりした紙
- えんぴつ
- はさみ
- じょうぎ
- 曲がらないプラスチックのストロー
- セロハンテープ

2cm
17cm
2cm
11cm

1 右の2つの大きさの長方形を紙にかき、はさみで切る。

2 それぞれの長方形で輪っかをつくる。できるだけ円に近い形にしてね。輪っかをつくったら、はしを1センチメートルだけ重ね、2センチメートルの長さのテープでとめる。

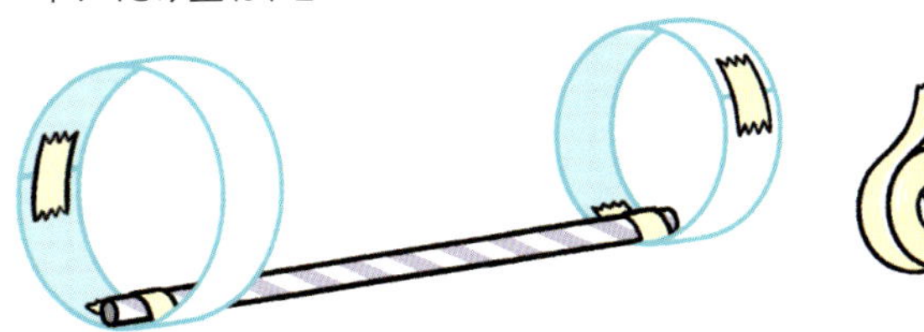

3 ストローが長すぎたら、20センチメートルの長さに切る。2センチメートルの長さのテープを使って、ストローのはしを紙の輪っかの内側にはる。

4 これで完成だ！ 飛行機を飛ばしてみよう。お家の中で、小さいほうの輪っかを前にして、少しだけ上にむけて飛ばすと、うまく飛んでいくよ。外で飛ばすときは、そよ風にむけて飛ばしてみよう。

実験のかいせつ

見た目は飛行機らしくないけれど、これでもちゃんと飛ぶのは、輪っかがつばさのようにはたらいて**揚力**を生み出すからなんだ。しかも、流線型だから空気抵抗も小さい。ちなみに、速く飛ばすと揚力が大きくなるよ。飛行機をもう1つつくって、どちらが遠くまで飛ぶかきょうそうさせよう！ つぎのことをためしてみてね。

a) 輪っかをふやすとどうなるかな？
b) 使う材料をかえると結果はかわるかな？

荷物代わりにゼムクリップを1、2個くっつけてみるのもおもしろいよ。どこにつけるのがいいかな？ 飛ばすたびに、飛んだきょりと気づいたことをノートにメモしよう。

知ってる？

最近では、人をのせずに飛ぶ「**ドローン**」という小さな航空機があるよ。この小さな航空機は、電波で操じゅうしたり、つんであるコンピューターを使って自動で飛んだりできるんだ。

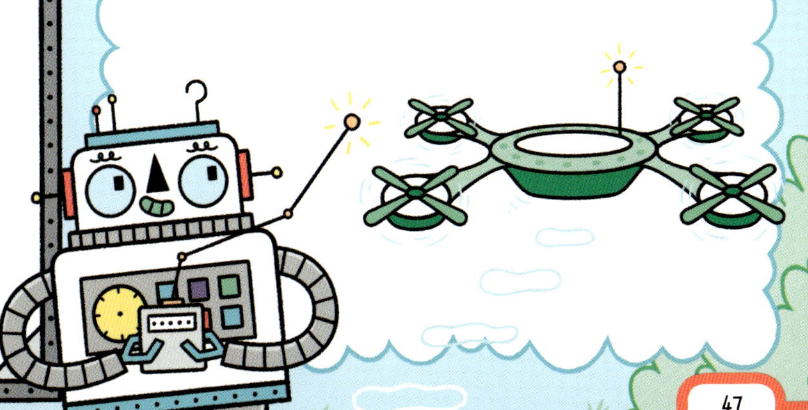

WHIRLING WINGS

ヘリコプターが空を飛ぶしくみ

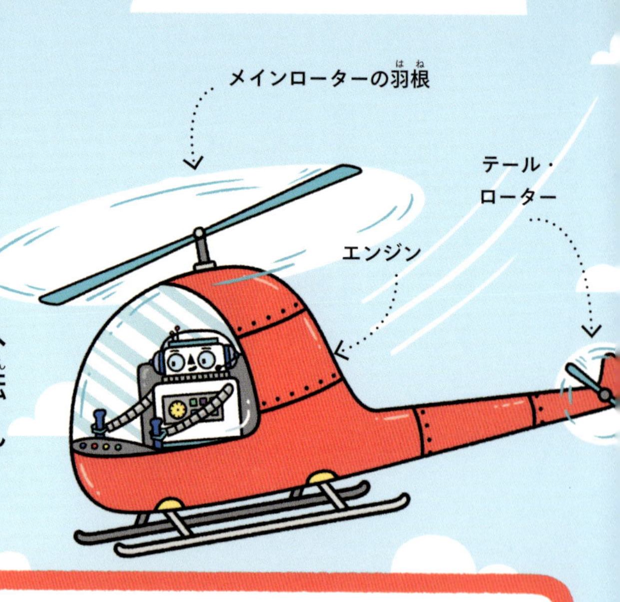

その場にういていられたり、くるっと方向転換できたりするヘリコプターは、とてもべんりな乗り物だよ。翼型の羽根を回転させるローターという機械で、揚力と推力を生み出しているんだ。ローターをかたむけることで、好きな方向に進めるよ。

やってみよう

風車をつくろう

風車をつくって、**ローター**のしくみを知ろう。

必要なもの

- 大人の人
- ノート
- タテヨコ18センチメートルの正方形の紙（色をつけてもいいよ）
- がびょう
- はさみ
- のりまたはセロハンテープ
- えんぴつ
- 木のぼうまたはストロー

がびょうの先に注意!

1 正方形の角と角を合わせて折り、左の絵のように折り目をつける。

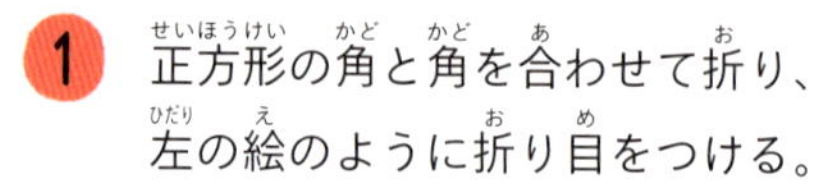

2 それぞれの折り目の、中心から$\frac{1}{3}$くらいのところにしるしをつける。

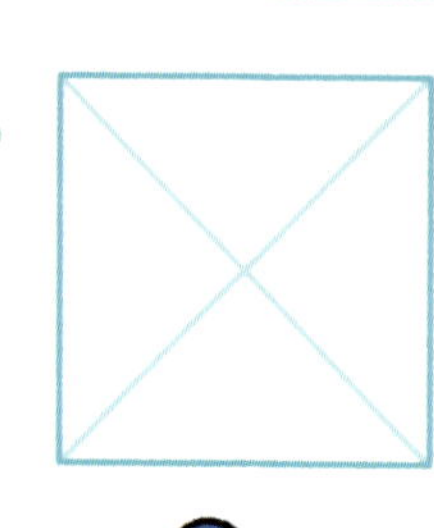

3 ②のしるしのところまで、折り目にそってはさみで切る。

4 4つすべての角を中心に集め、角どうしを重ねてのりまたはテープでとめる。

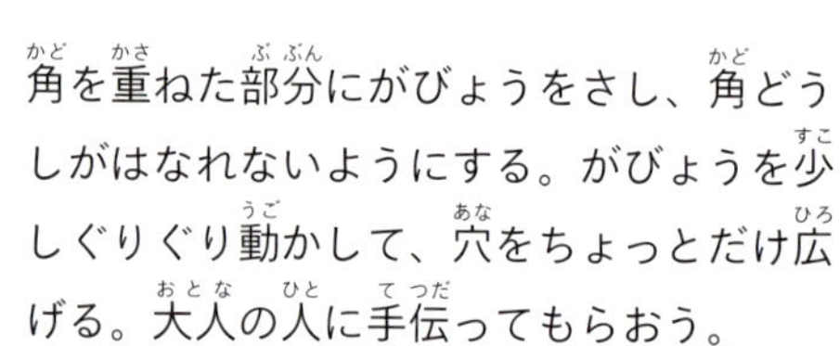

5 角を重ねた部分にがびょうをさし、角どうしがはなれないようにする。がびょうを少しぐりぐり動かして、穴をちょっとだけ広げる。大人の人に手伝ってもらおう。

6 木のぼうまたはストローにがびょうをさす。

7 手や息を使って風車を回してみよう。

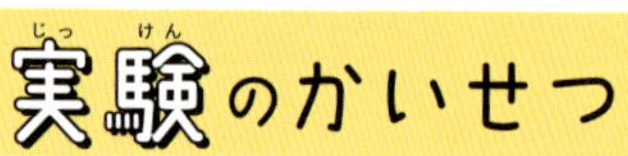

実験のかいせつ

ヘリコプターのローターは、回転することで空気を動かし、空中にうかぶ力を生み出す。風車の場合はその逆で、空気を動かすことで回るしくみだよ。どのくらい速く回せるか、いろいろな角度から息を吹きかけてみよう。速く回るツボはどこかな？ ドライヤーでもためしてみて、結果をノートに書こう。

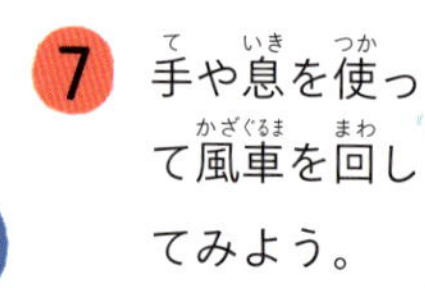

やってみよう

紙でヘリコプターをつくろう

紙だけで、かんたんなヘリコプターをつくってみよう。手のひらサイズだけど、キホンを学ぶのにはもってこいだよ！

必要なもの

- 大人の人
- 厚紙
- はさみ
- じょうぎ
- ゼムクリップ
- えんぴつ

高いところから落ちないように注意！

1. 厚紙をタテ9センチメートル、ヨコ21センチメートルの大きさに切る。

9cm
21cm

2. 左の絵の形を紙にかき、はさみで切る。
3. 点線にそって紙を直角に折り、ローターの羽根をつくる。

9cm
3cm
9cm
3cm
9cm

4. 右の絵のようにゼムクリップをつける。

ゼムクリップ

5. 大人の人といっしょに高いところに移動して、紙のヘリコプターを落としてみよう。

実験のかいせつ

T字形の羽根は、ヘリコプターのローターのように回るよ！ きみのヘリコプターは、ぶじに着陸できたかな？ べつの紙に直径30センチメートルの円をかいて、そこに着陸できるかためしてみるのもおもしろいよ。

羽根の開き具合（YやT）で、回転速度が変わるよ。また、開くむきで回転方向が反対になるよ。

ダ・ヴィンチの「空圧ねじ」

ダ・ヴィンチの話

イタリア人の発明家で芸術家だったレオナルド・ダ・ヴィンチ（1452～1519年）は、回転する羽根で空気を押して飛ぶ「**空圧ねじ**」を設計したよ。いまのヘリコプターと似ているね。ダ・ヴィンチは、この形をほかの発明や設計でも使ったんだ。

JOIN THE GREEN TEAM

農業に役立つ機械

もしきみが工学の技術者になったら、農場や牧場用の機械を設計することがあるかもしれないね。農業には、家畜がすむ建物から作物に水やりをするシステムまで、いろいろなものが必要だよ。

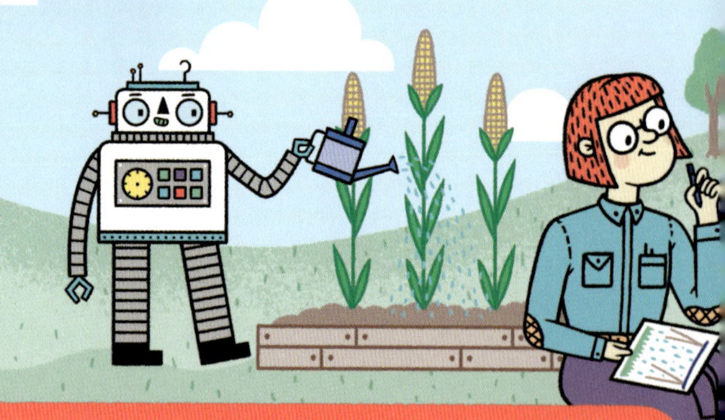

やってみよう

作物に自動で水やり

水の通り道をつくって作物に水やりをすることを、**かんがい**とよぶよ。かんがいは、何千年も前から使われてきた技術だ。あまり雨がふらない地域では、これがないと作物が育たない。かんがい設備をじっさいにつくってみよう。

必要なもの

- ✔ 大人の人
- ✔ ダンボール箱
- ✔ 水
- ✔ ごみが入っていない、園芸用の土
- ✔ スコップ
- ✔ とうめいで細いビニールのチューブ…2メートル以上
- ✔ 大きなプラスチックの容器…2個
- ✔ じょうぎ
- ✔ 耐水テープ
- ✔ きり
- ✔ プラスドライバー
- ✔ はさみ
- ✔ がびょう
- ✔ 園芸用の手ぶくろ
- ✔ カイワレダイコンの種
- ✔ ゴミぶくろ
- ✔ えんぴつ
- ✔ ノート
- ✔ ラップ

1 はじめに、かんがい設備の設計図をノートに書こう。今回の実験は水を使うから、外でやるのがおすすめだよ！ 片方の容器をおくところが少し高くなっていれば、ばっちりだ。

2 ダンボール箱の側面の高さが5センチメートルになるように切る。水がもれないように、箱にゴミぶくろをしくのがおすすめだよ。

5cm

3 手ぶくろをはめ、箱に2.5センチメートルくらいの厚さまで土を入れる。

土

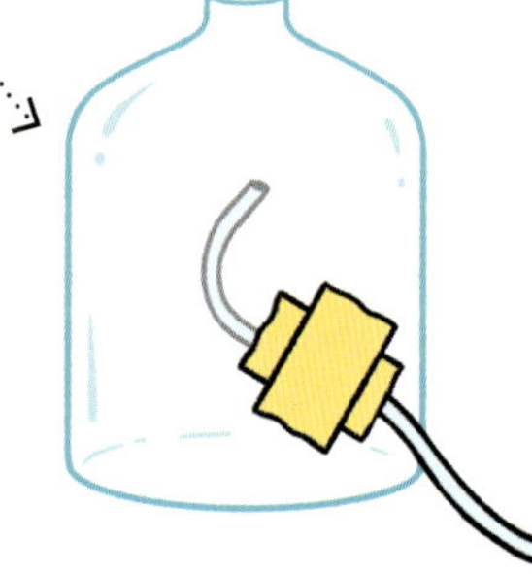

4 大人の人に、プラスチック容器1にきりで穴をあけてもらう。チューブがぎりぎり通るくらいに穴を大きくしよう。チューブを通し、穴から水がもれないように、容器の外側から耐水テープでとめる。

5 箱の角の近く（土の0.5センチメートルくらい上のところ）に穴をあけ、チューブを通す。反対側の角にむかってチューブをジグザグにはわせる。チューブが土からはなれてしまう場合は、小石を重しにする。箱の反対の角に穴をあけ、そこからチューブを外に出す。

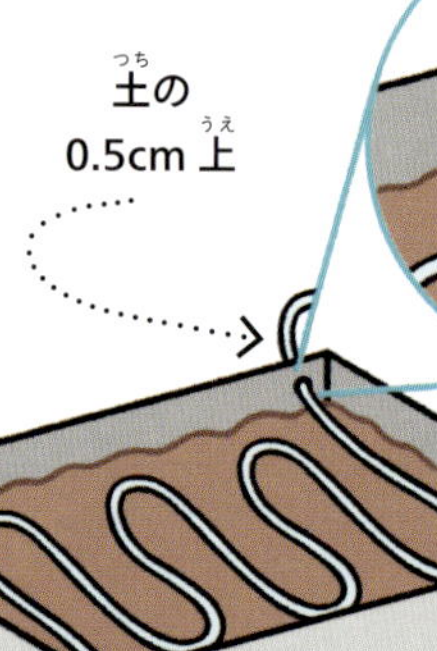

がびょうときりの先に注意！
手にけがをしている場合は、
土が傷口にふれないように
ばんそうこうをして、手ぶくろをはめよう！

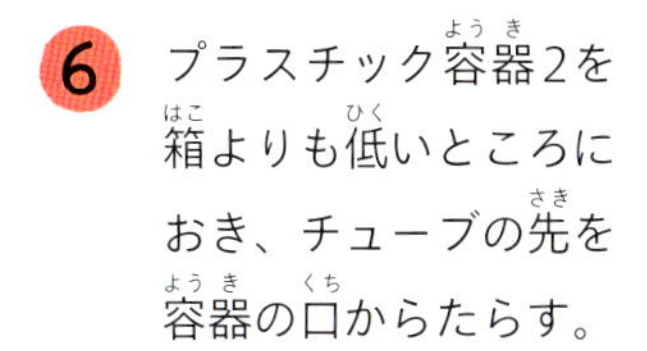

6 プラスチック容器2を箱よりも低いところにおき、チューブの先を容器の口からたらす。

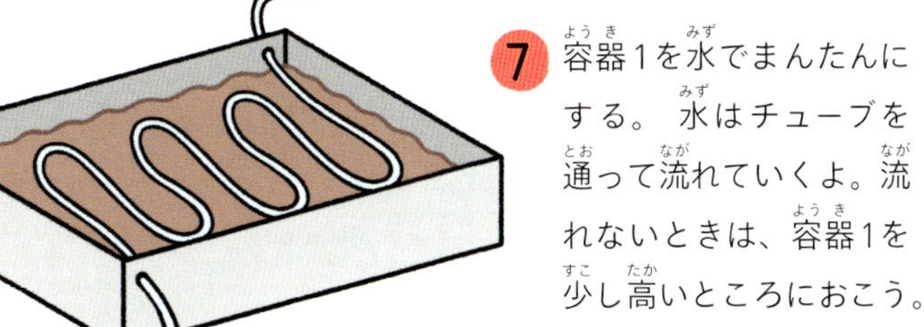

7 容器1を水でまんたんにする。水はチューブを通って流れていくよ。流れないときは、容器1を少し高いところにおこう。

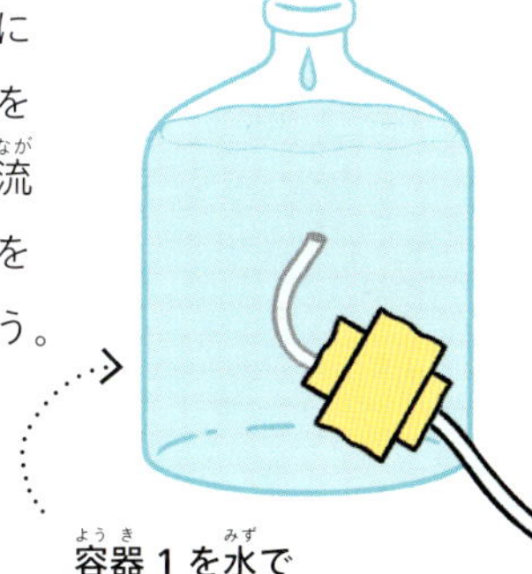

8 水が少しずつもれるように、土の上にはわせたチューブに、がびょうで5センチメートルおきに穴をあける。

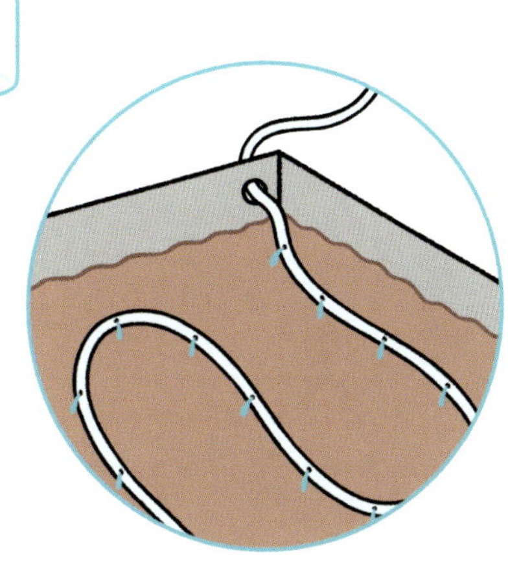

9 カイワレダイコンの種をチューブの穴の近くにまき、箱をラップでおおう。

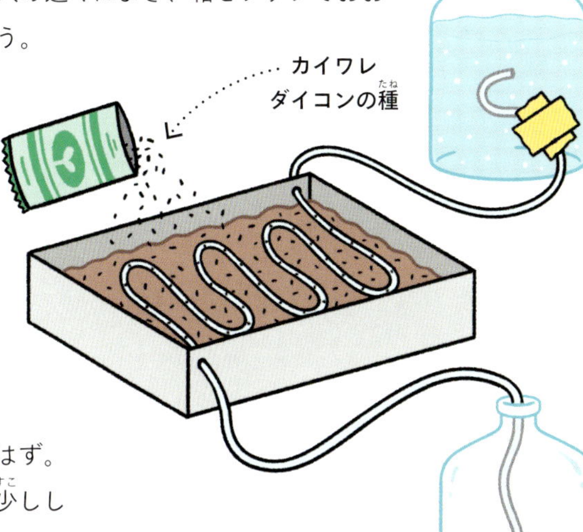

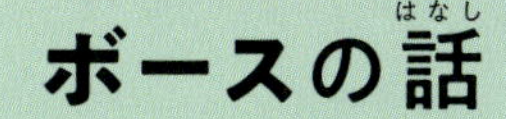

10 24～48時間たつと、芽が出始めるはず。水のやりすぎには注意しよう。土は少ししめっていれば充分だよ。水を止めるには、容器1を低い位置においてね。

実験のかいせつ

土を入れた箱は容器2より高いところにあるから、重力に引っぱられた水がチューブを通って下に流れるよ。水が流れる間は、土の上の水の流れはとぎれない。チューブの小さな穴からほどよく水を出して土のかわきを防ぐことで、カイワレダイコンの種がちゃんと育つんだ。チューブの穴からもれなかった余分な水は容器2で受けとめるよ。このおかげで、土が水びたしになることがないんだ。

ボースの話

インド人の物理学者で生物学者だったジャガディッシュ・チャンドラ・ボース（1858～1937年）は、植物の細胞を調べた人で、「植物は痛みや愛情を感じられるんじゃないか」って考えたんだ。

EXTREME CLEAN

身のまわりの環境を調べる

環境工学は、よごれた自然をきれいにするだけがすべてじゃない。資源のむだ使いをへらしたり、ごみをかしこく処分したりする方法を考えることも、研究の対象だよ。環境工学について、実験を通してくわしくなろう！

やってみよう

空気のよごれをかんさつしよう

よごれた自然をきれいにするには、人の手が必要だ。そもそも、いまきみが吸っている空気だって、よごれ一つないとはかぎらない。空気のよごれをかんさつしよう！

必要なもの

- 大人の人
- 紙皿…2枚
- 穴あけパンチ
- ひも
- じょうぎ
- はさみ
- ワセリン

高いところから落ちないように注意!

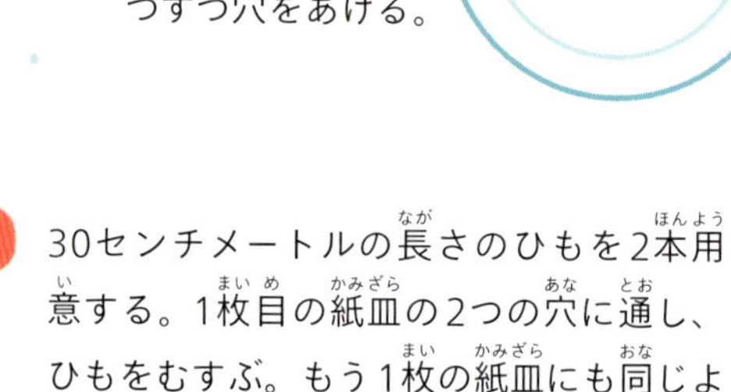

1. それぞれの紙皿に、穴あけパンチで2つずつ穴をあける。
2. 30センチメートルの長さのひもを2本用意する。1枚目の紙皿の2つの穴に通し、ひもをむすぶ。もう1枚の紙皿にも同じようにひもを通す。それぞれの紙皿の表面にワセリンをぬる。
3. 大人の人に手伝ってもらいながら、ペットが届かない高いところ（木の枝など）に紙皿をつるす。1枚は車の通りが多い道路の近くにつるし、もう1枚は道路からはなれた庭などにつるそう。2〜4週間つるしておいてね。

実験のかいせつ

どちらの紙皿にもよごれはつくけれど、道路に近い紙皿のほうがよごれが多いはず。これは、車の排気ガスにふくまれる燃えかすなどのよごれがつくからなんだ。

やってみよう

水をきれいにしてみよう

よごれた水を飲むと、病気になるかもしれない。だから、水をきれいにするには、**環境工学**の力が必要だ。**ろ過装置**をつくってみよう。

必要なもの

- ✔ 大人の人
- ✔ 2リットルのペットボトル
- ✔ はさみ
- ✔ じょうぎ
- ✔ コットン球
- ✔ 金魚飼育用の細かい砂
- ✔ 金魚飼育用のあらい砂
- ✔ 金魚飼育用の小石
- ✔ どろ水
- ✔ ビニールテープ

水は飲まないでね!!
ペットボトルのふちに注意!
砂や小石はよく洗ってから使おう!

1. 大人の人に手伝ってもらいながら、ペットボトルを半分に切る（上半分が、口の部分をのぞいて15センチメートル以上になるようにする）。それぞれのふちをテープでおおう。

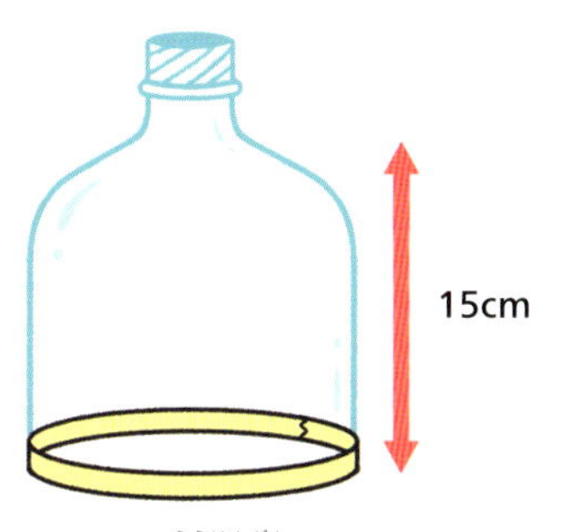

2. 上半分をさかさまにして下半分の中に入れる。左の絵のように、コットン球、細かい砂、あらい砂、小石の順にしきつめる。それぞれの層の厚さは2センチメートルくらいにしてね。

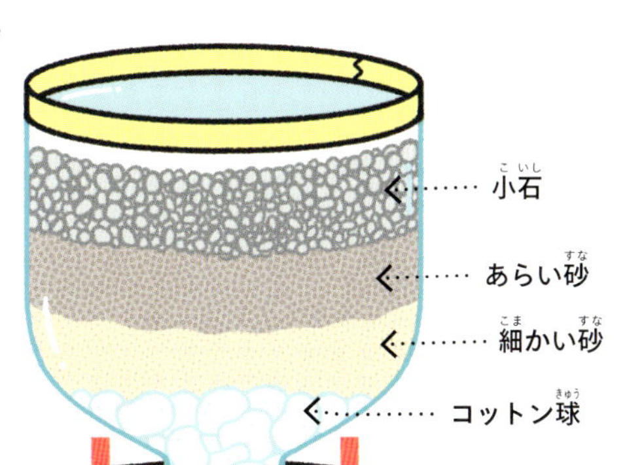

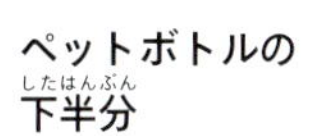

3. どろ水を、きみがつくったろ過装置の上からゆっくりそそぐ。

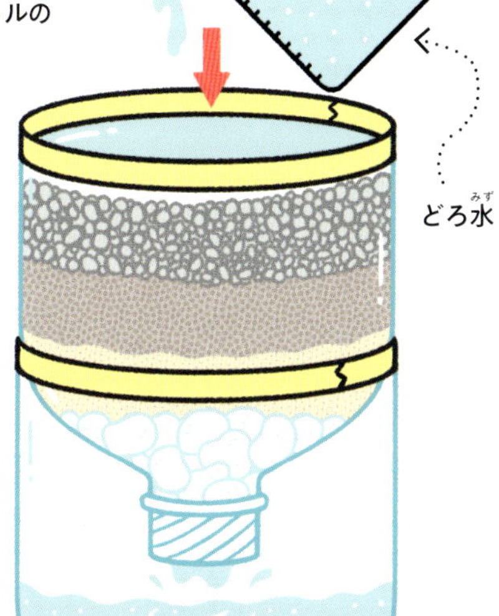

実験のかいせつ

ペットボトルの下半分にたまった水は、どろ水よりもずっときれいになっているはずだよ。ただし、水はぜったいに飲まないこと。病原体が入っているかもしれないからね！ しきつめた材料がろ過装置としてはたらき、大きなゴミをつかまえて、きれいになった水を下に落とすんだ。下半分を洗ってから、インスタント・コーヒー＋水、小麦粉＋水、料理油＋水などでもためしてみてね（前のよごれが出てくる場合もあるよ）。このかんたんなろ過装置では、何がとりのぞけて、何がとりのぞけないかな？

ヒポクラテスの話

古代ギリシャのコス島に生まれた、医者のヒポクラテス（紀元前460年ごろ〜紀元前370年ごろ）は、「医学の父」ともよばれているよ。自分のかん者にきれいな水を飲ませるために、布ぶくろでかんたんなろ過装置をつくったんだ。

化学物質のフシギ

わたしたちが着る服、ふだん食べる食べ物、それに電気などのエネルギーは、すべて化学工学の知識を利用してつくられている。化学エンジニアが化学プラントでつくった物質でできているものも多いよ。

1. 化学物質をたくわえておく容器。圧力や温度を自在に上げ下げできる。

だいじな ポイント

化学プラントは何をするところ？

化学プラントとは、原料の**化学物質**を、べんりな物質につくりかえる工場のこと。それぞれの化学プラントには専門があって、石油、プラスチック、食べ物、飲み物など、得意な製品だけをつくっているんだ。でも、プラントの設計や運営で化学エンジニアがかつやくしている点は同じだよ。

2. **反応器**で化学物質をまぜたり熱したりして**化学反応**を起こし、新しい物質をつくる。とかしたり、もっとたんじゅんな物質に分けたりすることもある。

3. 反応器と容器はパイプでつながっている。
4. 弁で液体が反対に流れるのを防ぐ。
5. **ポンプ** 圧力をかけて液体を流す。
6. **圧縮機**という機械によって、化学物質の圧力を保つ。

やってみよう

へんな色の目玉焼きをつくろう

化学プラントの役割をりかいするために、へんな色の目玉焼きをつくってみよう。料理も化学の仲間だよ。できたものは食べられるけれど、その勇気がきみにあるかな？

必要なもの

- 大人の人
- 卵
- むらさきキャベツ
- なべ
- フライパン
- スプーン
- 計量カップまたは料理用の容器…2つ
- サラダ油
- 水
- コンロまたはホットプレート

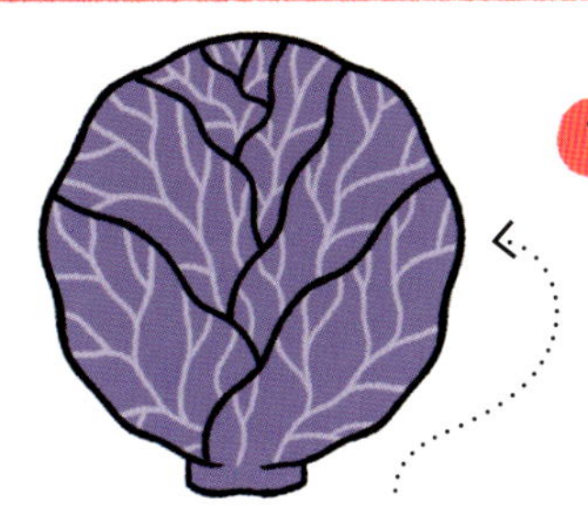

1 むらさきキャベツの葉を $\frac{1}{4}$ 個分くらいはがし、細かくちぎってなべに入れる。

2 ひたひたの水を入れる。大人の人に、キャベツを5～10分くらい（または水がこいむらさき色になるまで）煮てもらう。

3 計量カップに卵をそっとわり入れる。黄身はつぶさないでね。スプーンを使って黄身だけをとり出し、卵のからに入れておく。

4 計量カップに残った白身に、むらさきキャベツの液を少しだけまぜ入れる。

5 フライパンに少しだけ油をひく。大人の人に手伝ってもらいながら、油を熱し、白身を加える。真ん中に黄身をそっとのせ、火が通るまで焼く。

やけどに注意！

実験のかいせつ

白くもなければ、むらさき色でもない目玉焼きはできたかな？ 白身が緑色になったよね！ むらさきキャベツには**アントシアニン**という種類の**色素**がふくまれていて、この色素は、**酸性**や**アルカリ性**のものとまざると色がかわるんだ。白身はとても弱いアルカリ性だよ。緑色の目玉焼きを大量につくっている化学プラントがあったら、こわいよね！

知ってる？

知らないことはまだまだたくさん

すでに見つかっている物質のほとんどはすみずみまで研究されているけれど、新しい発見や意外な事実がぞくぞくと出てきていて、たまに予想外のことがわかったりしているよ！ 製品をつくる人以外にも、世界の**資源**をじょうずに使ったり、**環境**を守ったり、健康や安全の基準が守られているかチェックしたりしている化学エンジニアもいるんだ。

MEDICAL MECHANICS

人のいのちをすくう機械

工学の技術者は機械をなおすだけじゃなくて、わたしたちの体をなおすのも手伝ってくれるよ！ 病気をなおしたり、人間の体を調べたりするための機械の設計などをしているんだ。

だいじなポイント

医用生体工学

医用生体工学は、病気の発見や治りょう、健康維持のための機械、薬、道具を開発する学問のことだよ。メガネからスポーツ用の機械まで、人の体にかんするものは、みんな研究の対象だ。傷ついたり病気になったりした手足の代わりにつける、人工の手足（**義肢**）を設計している人もいるんだ。

ものごとのしくみ

人工呼吸器のしくみ

人工呼吸器は、自力で呼吸ができなくなった人の呼吸を助けてくれる機械だよ。

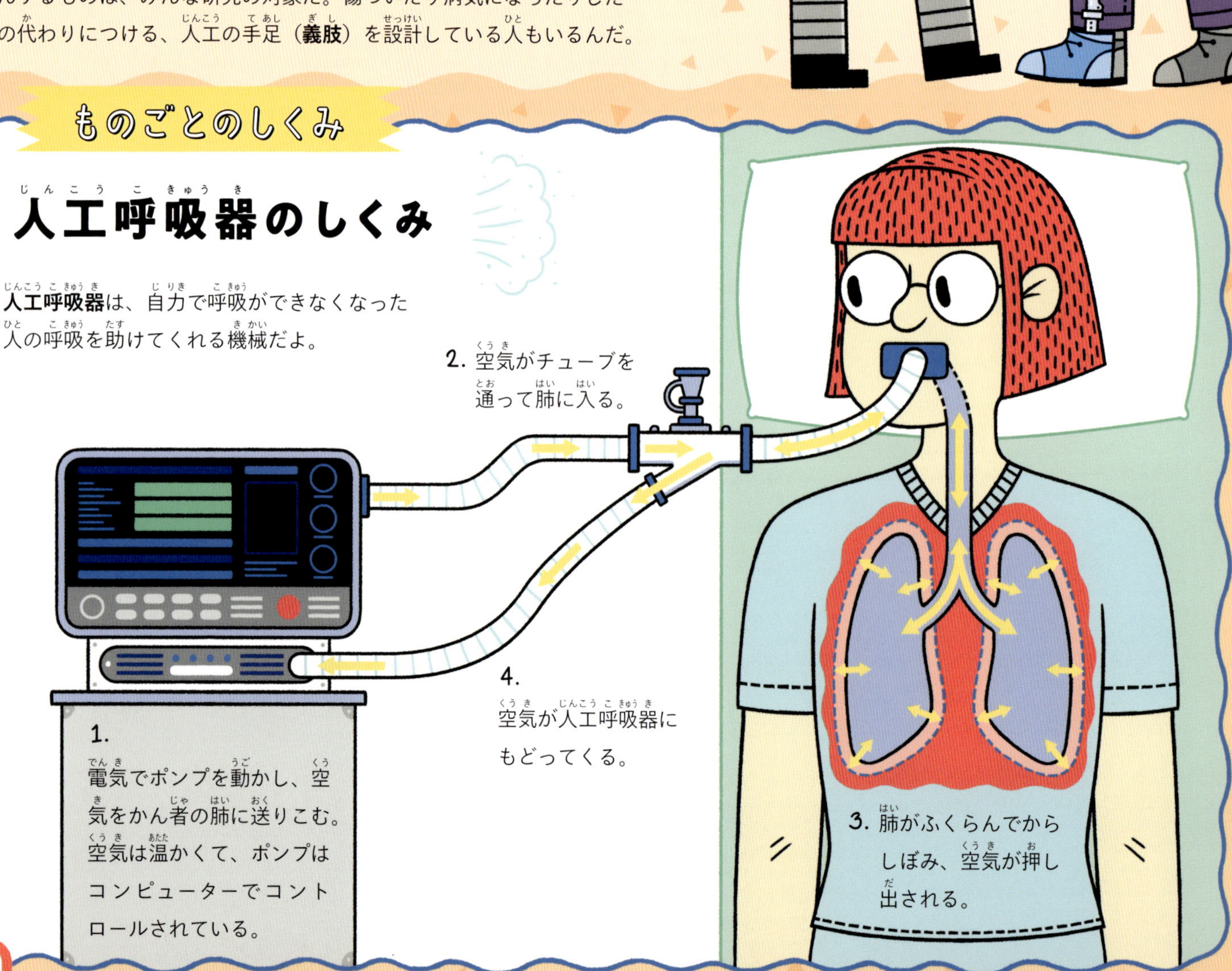

1. 電気でポンプを動かし、空気をかん者の肺に送りこむ。空気は温かくて、ポンプはコンピューターでコントロールされている。

2. 空気がチューブを通って肺に入る。

3. 肺がふくらんでからしぼみ、空気が押し出される。

4. 空気が人工呼吸器にもどってくる。

56

やってみよう

人工呼吸器のしくみを体験

肺に似た道具をつくって、
人工呼吸器のしくみをたしかめよう！

必要なもの

- 2リットルのペットボトル
- 風船…2個
- まがるストロー…2本
- ビニールテープ
- 紙ねんど

1 風船を少しふくらませてから空気をぬき、風船をやわらかくする。

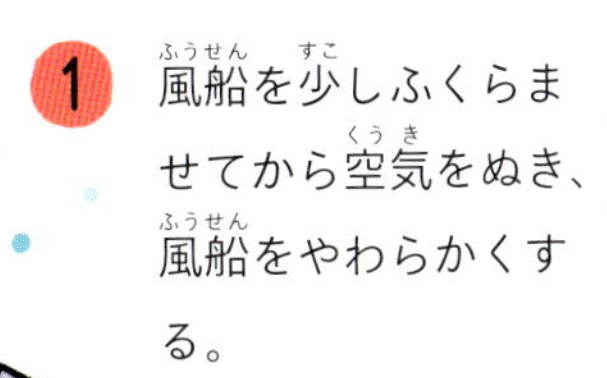

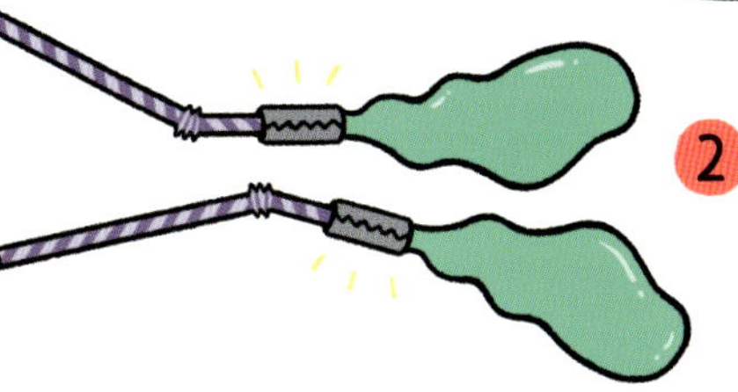

2 ストローを少しまげ、それぞれの先に風船をはめ、ビニールテープですきまをうめる。

3 Y字になるように、2本のストローをたばねてテープでとめる。

4 ストローをペットボトルに入れ、ペットボトルの口を紙ねんどでふさぐ。

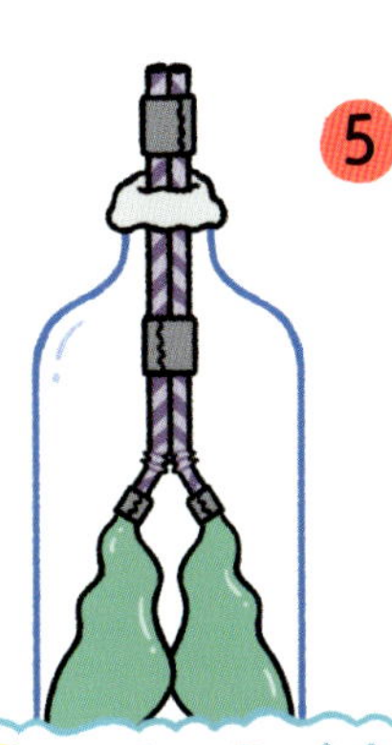

5 ストローから息を吹きこむと、何が起きるかな？

実験のかいせつ

風船とペットボトルは、人間の体のようなはたらきをするよ。風船は肺のように動き、きみが息を吹きこむとふくらんで、吹きこむのをやめるとしぼむんだ。

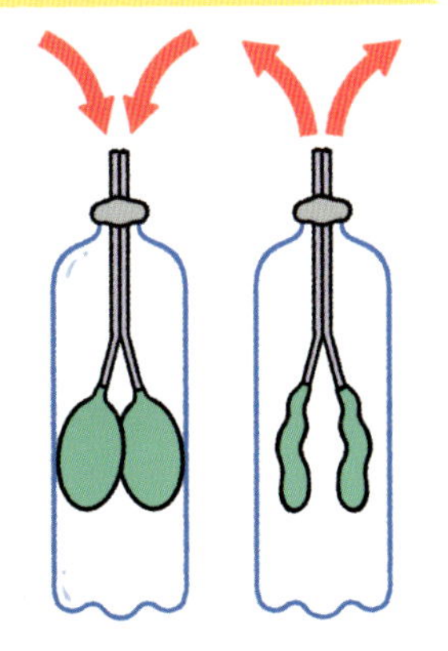

ドリンカーの話

化学装置や医りょう機器のエンジニアだったフィリップ・ドリンカー（1894～1972年）は、いろいろなところで使える人工呼吸器「鉄の肺」をはじめて発明した人だよ。

知ってる？

人工心臓

医用生体エンジニアは、本物の心臓の代わりに数か月間使える、人工の心臓もつくっているよ。1949年には、アメリカの外科医たちが、なんと子どものおもちゃから人工の心臓をつくったんだ！

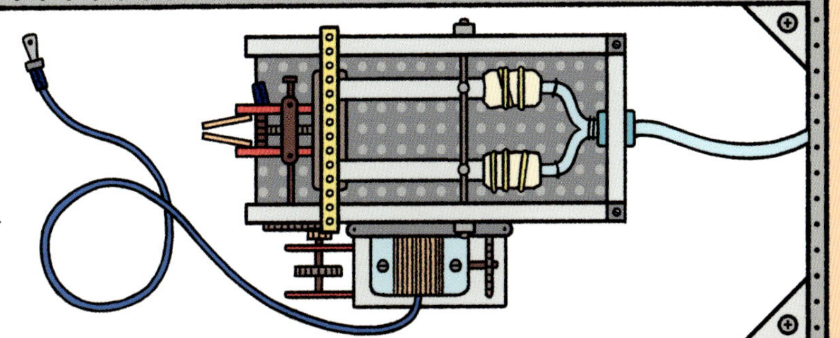

WONDERFUL WATERWORKS

液体のエネルギーをかしこく使う

流体工学は、液体をあつかう学問だよ。流れる液体は、たくさんのエネルギーをもっているんだ。液体のエネルギーの役立てかたを見てみよう。

だいじなポイント

液体

液体の中の分子は、気体の分子よりもギュッとつまっている。だから、水が入っているときは、空気しか入っていないときよりも重いんだ。**流体工学**では、液体を温めたり圧縮（小さく押しつぶすこと）したりしたときの様子を調べているよ。

液体をあやつる方法にはいろいろあるよ。

- パイプ
- ポンプ（液体をもち上げたり、圧縮したり、運んだりできる機械）
- 弁（パイプなどを流れる水の量をちょうせつするために、開いたり、ぴったり閉じたり、少しだけ閉じたりできる部品。**逆止弁**もある）
- ダム（水をためるために川の上流に建てる大きなかべ）

液体をあやつるための機械は、かんがい設備、運河、家を温めるためのラジエーターなどで使われているよ。

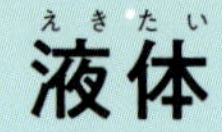

やってみよう

水で時間をはかろう!

水で時間をはかる道具をつくってみよう。これに似た機械は、遅くとも紀元前1500年には発明されていたらしいんだ。

必要なもの

- 大人の人
- マーカー
- 2リットルのペットボトル
- 秒針つきの時計
- セロハンテープ
- きり
- はさみ
- 水
- じょうぎ

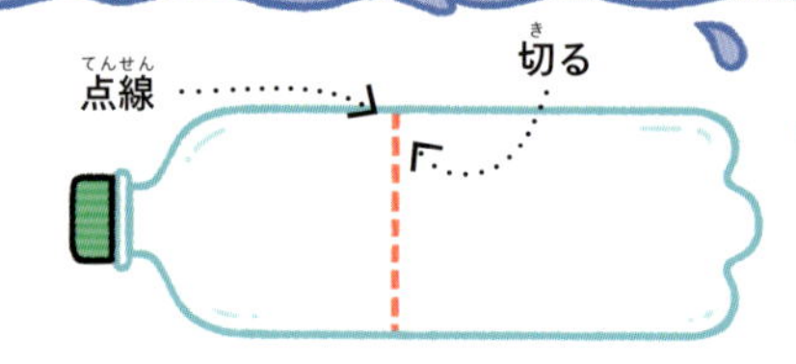

1. ペットボトルの半分より少し上のところにマーカーで点線を引く。大人の人に、点線にそって切ってもらう。

2. 大人の人に、きりでペットボトルのふたに小さな穴をあけてもらう。ふたをペットボトルにつけ、上側をさかさまにして下側に入れる。穴が大きすぎると水がドバドバ流れちゃうから、穴は小さめにしてね。

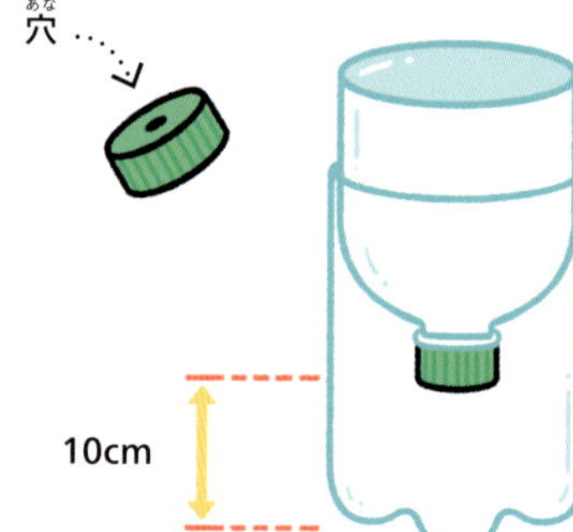

3. ペットボトルの上側に水をいっぱい入れ、1分ごとに下側の水面の位置にマーカーで線を引く。これを上半分が空になるまでつづける。それぞれの線の間かくをじょうぎではかろう。

実験のかいせつ

きみがつくったのは**水時計**という道具だよ。水が落ちるペースは予測しやすいから、時間をはかることができるんだ。水のペースさえわかってしまえば、そこから時間をわり出せる。上側がまんたんのときは**水圧**も高いから、水が落ちるペースは最初は少し速い。水圧は、流体工学のキホンだよ。

水時計は、時計のなかでもとくに歴史が古い。2000年以上も前の古代ギリシャでは、水時計は**クレプシドラ**とよばれていたよ。古代ギリシャ人は水時計にストッパーをつけることで、水が落ちるペースを調整して、もっと正確に時間をはかれるようにしたんだ。

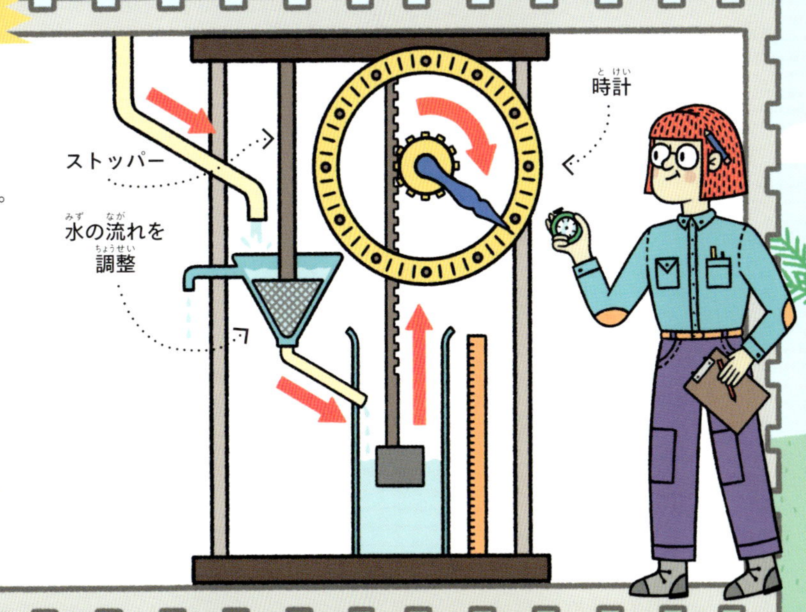

ものごとのしくみ

水力発電のしくみ

水力発電は、水の流れを利用して電気を生み出す技術だよ。世界の電気のおよそ16パーセントは、水力発電でつくられているんだ。

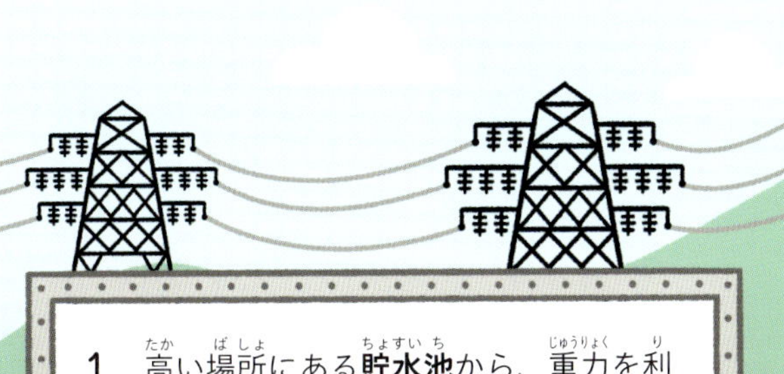

1. 高い場所にある**貯水池**から、重力を利用して低い場所の貯水池に水を落とす。
2. 水の重さを利用して、**タービン**という機械の羽根を回す。
3. タービンの動きを、**発電機**で電気にかえる。

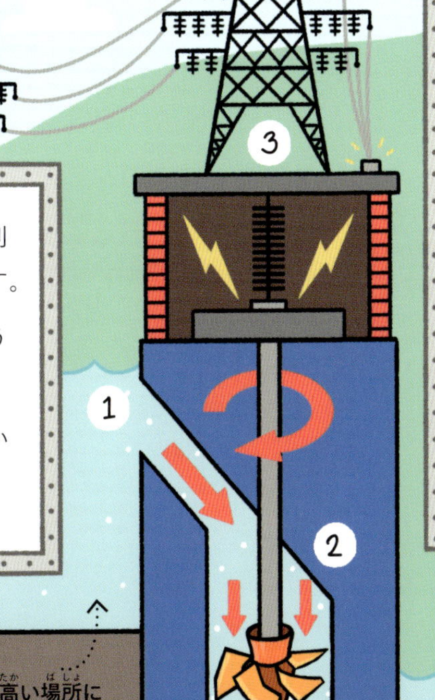

知ってる？

水車の使いかた

水車は、古代に発明された、水の力を利用するしかけだよ。何千年も前から、水を運んだり、こく物をひいたり、鉱石をくだいたりするために利用されてきたんだ。

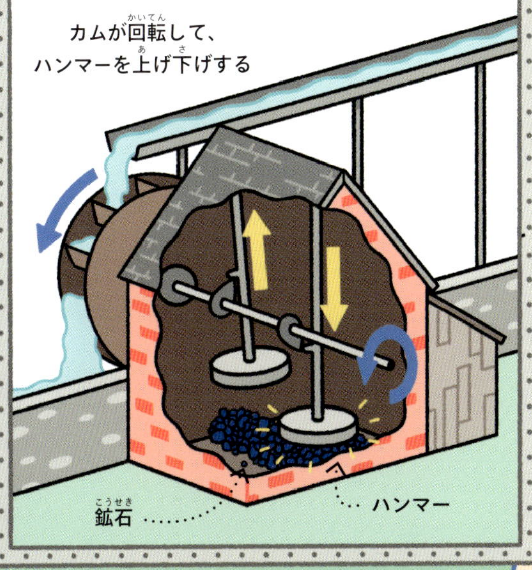

BIOENGINEERING

バイオエンジニアリング

バイオエンジニアリングは、生き物にかんする発明をする学問だよ。この知識を使えば、医りょうで役立つものだけじゃなくて、動物や植物の一部を使って新しいものをつくることもできるんだ。

だいじなポイント

微生物を利用する

バイオエンジニアリングでは、生きた**微生物**（**バクテリア**などの、けんび鏡でしか見えないくらい小さな生き物）を使ってべんりなものもつくっているよ。たとえば、燃料とか食べ物とかね。燃料の**エタノール**は、バクテリアの細胞を細工して、かれた植物とまぜることでもつくれるんだ。

知ってる？

遺伝子と遺伝子工学

生き物はみんな、とても小さい細胞という部品でできていて、その細胞の中には**遺伝子**が入っている。遺伝子は、細胞のふるまいを決める命令のことで、ねじれた階段のような形の**デオキシリボ核酸**（**DNA**）という物質でできているんだ（この形を科学では「**二重らせん**」とよぶ）。階段の一つひとつの段は、**塩基**という物質がペアになってできているよ。このDNAのうち、細胞の育ちかたや仕事を決める部分が遺伝子だ。**遺伝子工学**では、遺伝子の命令を書きかえて、細胞のふるまいをかえたり（たとえば役立つ物質を細胞につくらせたり）する研究をしているよ。

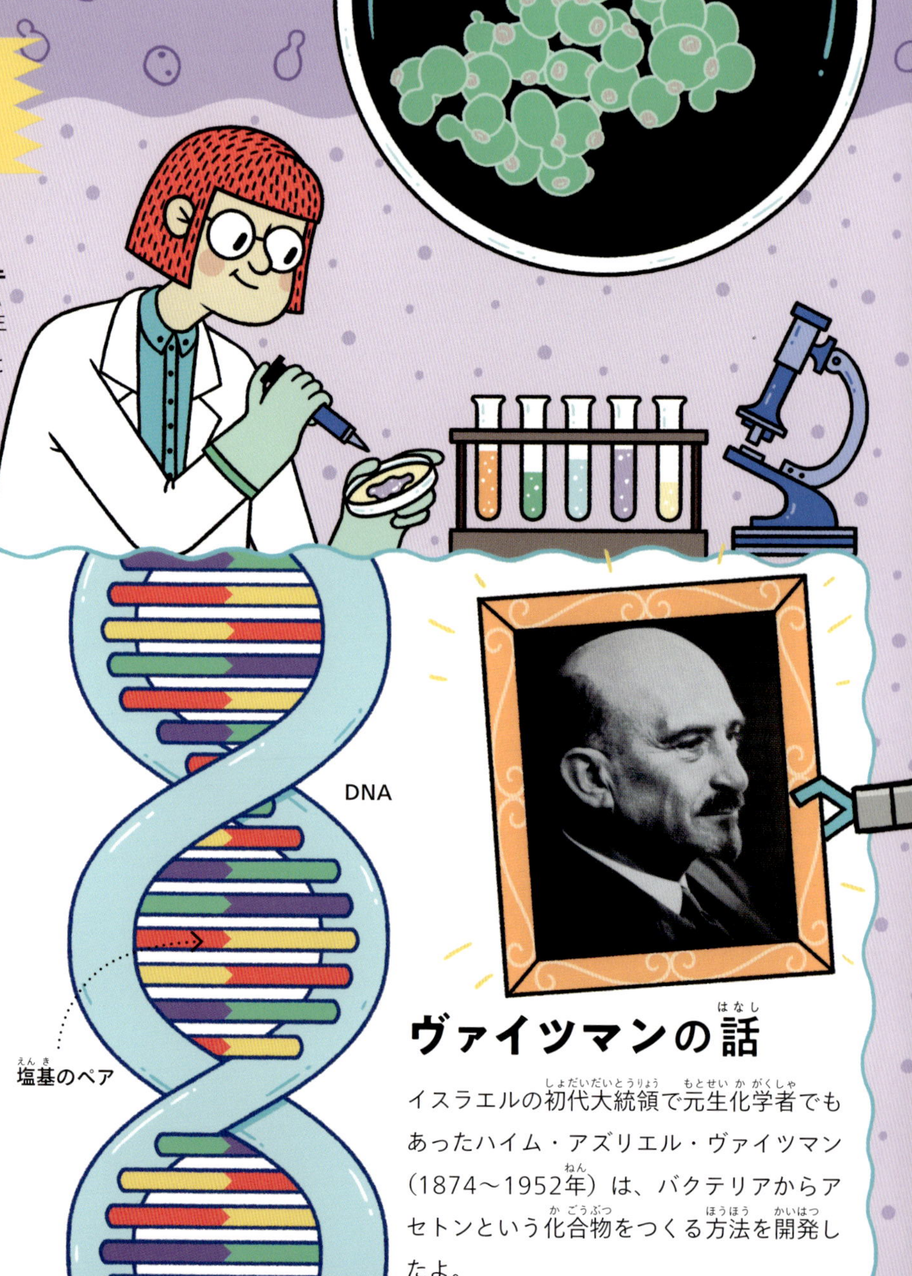

ヴァイツマンの話

イスラエルの初代大統領で元生化学者でもあったハイム・アズリエル・ヴァイツマン（1874～1952年）は、バクテリアからアセトンという化合物をつくる方法を開発したよ。

やってみよう

微生物でガスをつくろう

ようこそバイオエンジニアリングの世界へ！この実験では、微生物を使ってガスをつくってみるよ。

必要なもの

- ✔ 500ミリリットルのペットボトル
- ✔ 計量カップ
- ✔ 風船
- ✔ 小さじ
- ✔ 砂糖
- ✔ ドライ・イースト
- ✔ 水

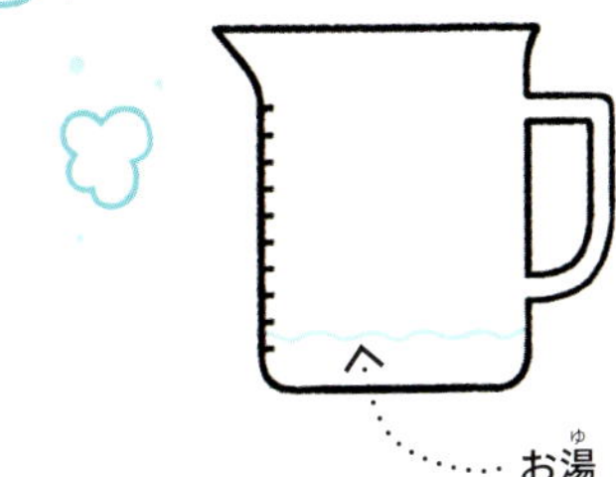

1 150ミリリットル40℃のお湯を計量カップにそそぐ。イースト菌が死んじゃうから、熱すぎたらだめだよ。

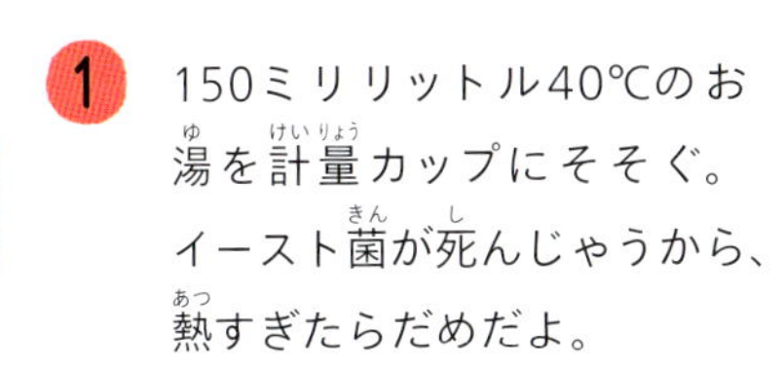

2 砂糖小さじ1を加え、とけきるまでまぜる。

3 計量カップにドライ・イーストをまぜ入れる。よくまぜたら、ペットボトルにそっと移す。

風船

4 風船を少しふくらませてから空気をぬき、風船をやわらかくする。風船をペットボトルの口にかぶせ、温かい場所に20分おいておく。

実験のかいせつ

二酸化炭素が発生して、風船が少しふくらむよ。**イースト菌（こう母）**は菌の仲間で、砂糖を食べて二酸化炭素をつくるんだ。同じ実験を、もっと熱いお湯や冷たい水でためしてみて。そのときは、温度計で水の温度をはかろう。どの温度のときに、イーストはいちばん活発に二酸化炭素をつくるかな？ どの温度だと風船はふくらまないかな？ 実験の結果から、イーストにはどんな性質があるか考えてみよう。

また、砂糖のかわりにカロリーオフの合成甘味料を使ってみたらどうなるかな？

イーストのつぶ

知ってる？

いろいろなバイオテクノロジー

1. 遺伝子を書きかえたバクテリアは、とても大切な薬をつくるのに役立っているよ。たとえば、**糖尿病**かん者のための**インスリン**だ。糖尿病とは、血液の中の糖分がふえすぎてしまう病気のことだよ。
2. 遺伝子工学の技術者によって、暗い場所で光る植物が生まれたよ。さらに、暗い場所で光る動物をつくってしまった人もいるんだ！
3. イーストは、何千年も前からパンづくりで使われているよ。パンがふくらんでいるのは、パンを焼くときにイーストによって二酸化炭素が生まれるから。大むかしに考え出されたバイオテクノロジーといえるね！

BRIGHT SPARK ENGINEERS

電気のしくみ

家に電気がこなかったらどうなるか、想像してみて。暗いし、寒いし、ゲーム機で遊ぶこともできない。そんなの悪夢だよね。電気の流れを切らさずにいてくれる、電気エンジニアに感謝しよう！

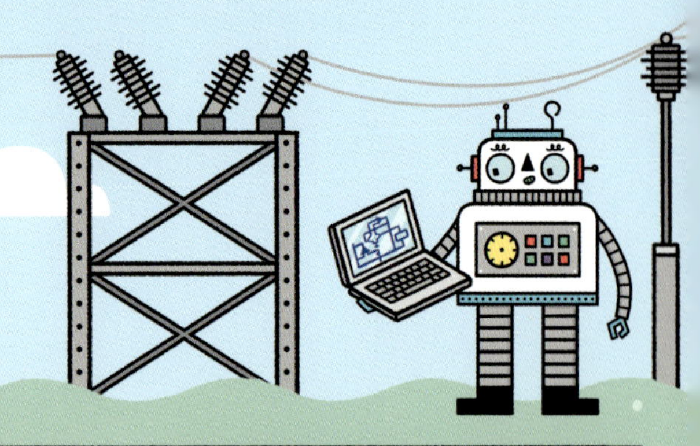

だいじなポイント

電気工学って何だろう？

電気工学とは、**電磁気**のしくみを利用して電気をつくったり、電気を使う**電気回路**を設計したりする学問のこと。電気回路の電子の流れをコントロールする**電子素子**も、研究の対象だよ。コンピューターなどの機械にも、電気工学の技術が使われているんだ。

やってみよう

電気回路をつくろう

導線にゴールをつくると、電気が流れる。これが、回路の目的だ。じっさいに回路をつくってみよう。

必要なもの

- 大人の人
- 小さい豆電球（2.5 ボルト・0.3 アンペア）…1 個
- 単3乾電池…2本
- ビニール導線
- セロハンテープ
- ニッパー

注意！
電池が熱くなるかもしれないよ！

1. 大人の人に、ビニール導線の両はしの皮をニッパーで1センチメートルずつはいでもらう。

2. 導線のはしを電池のマイナス極にテープでとめる。

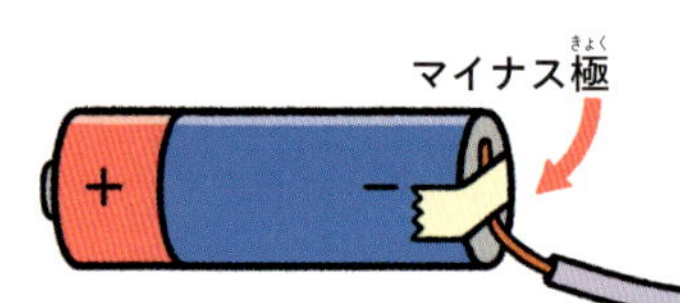

3. 豆電球の底をプラス極にくっつけておさえながら、導線のはしを豆電球の金属部分にくっつける。豆電球が光るよ。

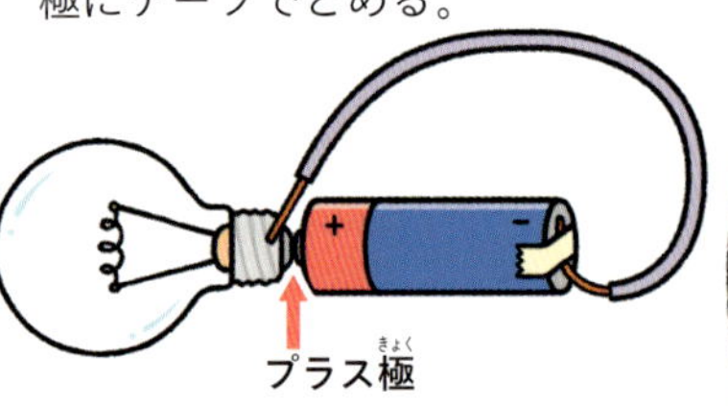

4. つぎに、単3乾電池2本のプラス極どうしをテープでくっつけよう。豆電球を2本目の電池のマイナス極にくっつけながら、また導線のはしを豆電球の金属部分にくっつける。

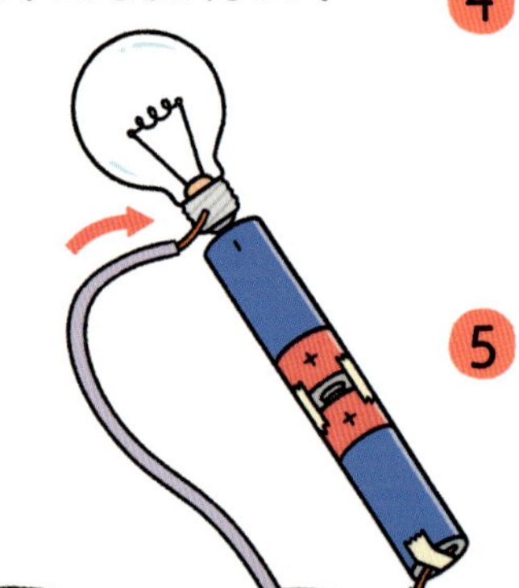

5. 豆電球は光らないよ！ ここで問題。手順③では光ったから、道具はこわれていないよね。何をどうかえたら、豆電球が光るかな？

実験のかいせつ

電池、導線、豆電球を使って、電気が流れる回路ができたね。だけど、電気は回路のプラスからマイナスにしか流れないんだ。だから、回路に電気を流して豆電球を光らせるには、2本目の電池のマイナス極を、1本目の電池のプラス極につなげないといけないんだ。

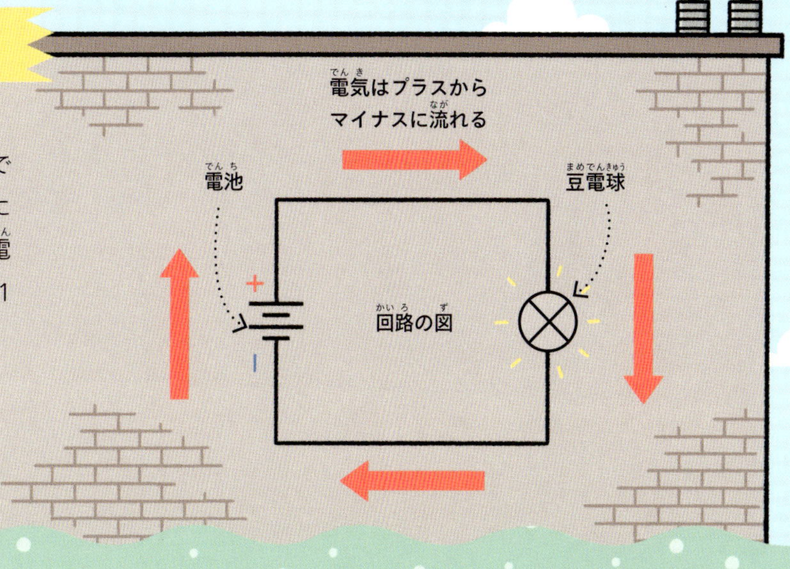

ものごとのしくみ

電気モーターのしくみ

電気モーターは、電気エネルギーを運動エネルギーにかえてものを動かすことができる機械だ。きみのおもちゃや街を走っている電車など、いろいろなところで使われている。電磁気力によって、電流のまわりには必ず**磁場**ができるんだけど、電気モーターはこの原理を利用しているよ。**整流子**という部品で、コイルに流れる電流のむきをせっせと入れかえると、それに合わせてコイルのまわりの磁場のむきも入れかわる。すると、コイルの両側にある磁石の磁場によって、コイルが引っぱられたり押されたりする。だから、コイルがくるくる回って回転する力が生まれるんだ。

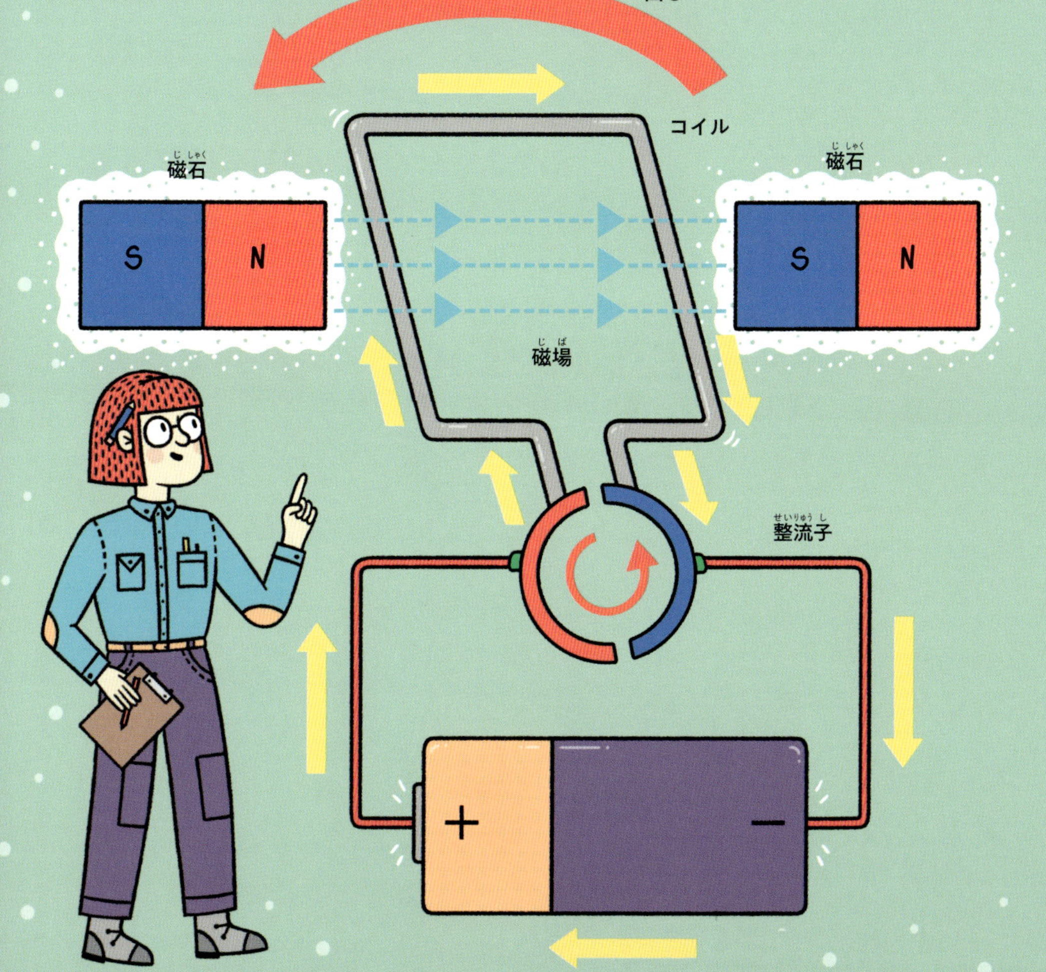

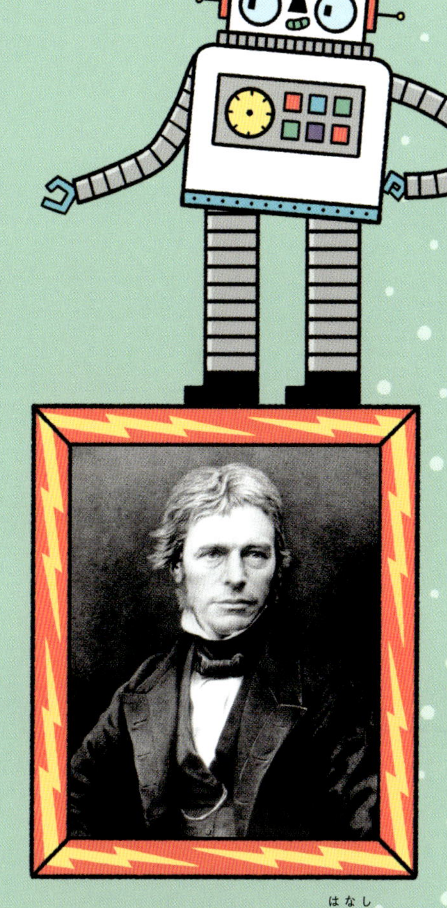

ファラデーの話

イギリス人の科学者マイケル・ファラデー（1791～1867年）は、磁場から電流を生み出す方法を発見した人だよ。

MINING ENGINEERING

資源をさがす鉱山工学

鉱山工学は、きちょうな鉱物を地中からほり出す方法を考える学問だよ。ヘルメットをかぶって、鉱山工学の世界をのぞいてみよう！

だいじな ポイント

鉱物

鉱物とは、地中で自然にできた**結晶**（原子や分子が規則正しく並んだ固体）のこと。たいてい、鉱物をふくむ岩石（**鉱石**）として地中にうまっているんだ。地中には、鉱物以外にも石油や天然ガスなど、役立つ資源がうまっているよ。

石英は、ケイ素と酸素がむすびついてできた鉱物。砂にふくまれていたり、ガラスをつくるときに使われたりするよ。

やってみよう

石の密度をくらべてみよう

石を見ても、どの石だかわからないときがある。そんなときは、石の**密度**（体積あたりの質量）を調べれば種類分けできるよ。

必要なもの

- ✔ はかり
- ✔ 大きめの石いろいろ
- ✔ いちばん大きい石がすっぽり入るボウル
- ✔ 計量カップ
- ✔ 水
- ✔ ノート
- ✔ えんぴつ
- ✔ 電卓
- ✔ ボウルをおくための浅い容器

1. 石をはかりにのせ、重さをノートに書く。
2. ボウルのふちまで水を入れ、その中に石を入れる。

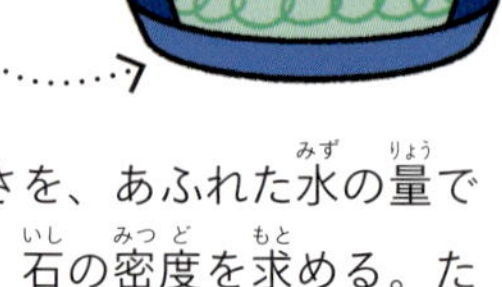

3. あふれた水を計量カップに移す。水の量を紙に書く。

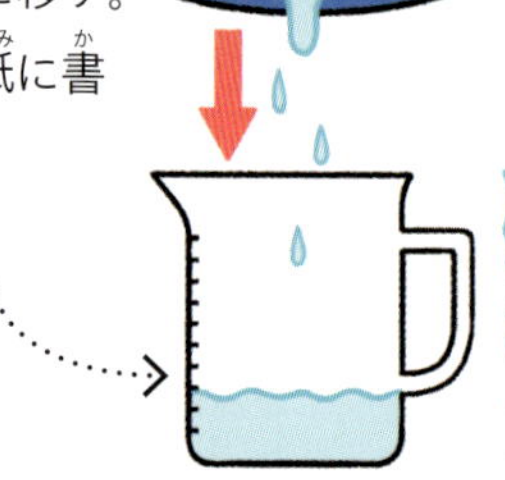

4. 石の重さを、あふれた水の量でわって、石の密度を求める。たとえば、下のように計算しよう。

> 100グラムの石を入れたら、水が20ミリリットルあふれた場合
> 100（g）÷20（mL）＝5
>
> 石の密度は「5g/mL」

5. 集めた石の密度をくらべてみよう。

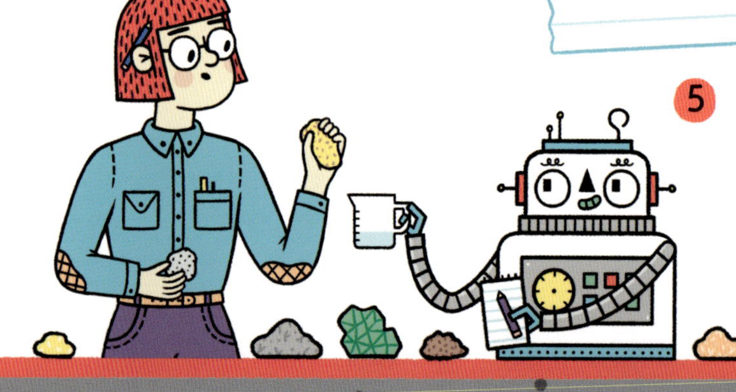

実験のかいせつ

重さは質量をあらわしていて（ただし、地球の重力の影響をほとんど受けない宇宙ではあてはまらないよ！）、あふれた水の量は石の体積と等しい。石は鉱物の集まりだ。密度は鉱物によってちがうから、この実験で密度を調べれば、石や鉱物の種類をたしかめられるんだ。金などの金属の鉱物は、ふつうの石よりも密度が高い。この知識を使えば、黄色い石がただの黄鉄鉱なのか、本物の金なのかを判断できるよ！

ものごとのしくみ

鉱山ではたらく人たち

工学の技術者は、**鉱山**のほりかたを考えたり、鉱山や鉱山機械の点検をしたりするよ。鉱物のとりかたは、地面の表面からとる**露天掘り**と、地下からほり出す**坑内掘り**の2種類がある。

どちらの方法でも、重たい**ドリル**などの機械をつかって岩石をほり、鉱石をとり出す。たまに、ドリルの代わりにばくだんを使うこともあるんだ。作業する人はエレベーターなどで地下に下りていくよ。ほり出した鉱石は、**コンベアー・ベルト**やダンプカー、クレーン、ショベルカーなどで広い場所に運んでから、くだいたりひいたりして鉱物をとり出すんだ。露天掘りを絵で説明すると、こんな感じだよ。

知ってる？

水の力でほるフラッキング

フラッキングは、とどきにくい場所にうまっている石油やガスをとり出す方法だよ。水、砂、化学物質に高い圧力をかけて岩の中に流しこむことで、うまっているガスなどをとり出すんだ。環境が汚染されたり、小さな地しんが起きたりすることがあるから、この方法に反対する人もいるよ。

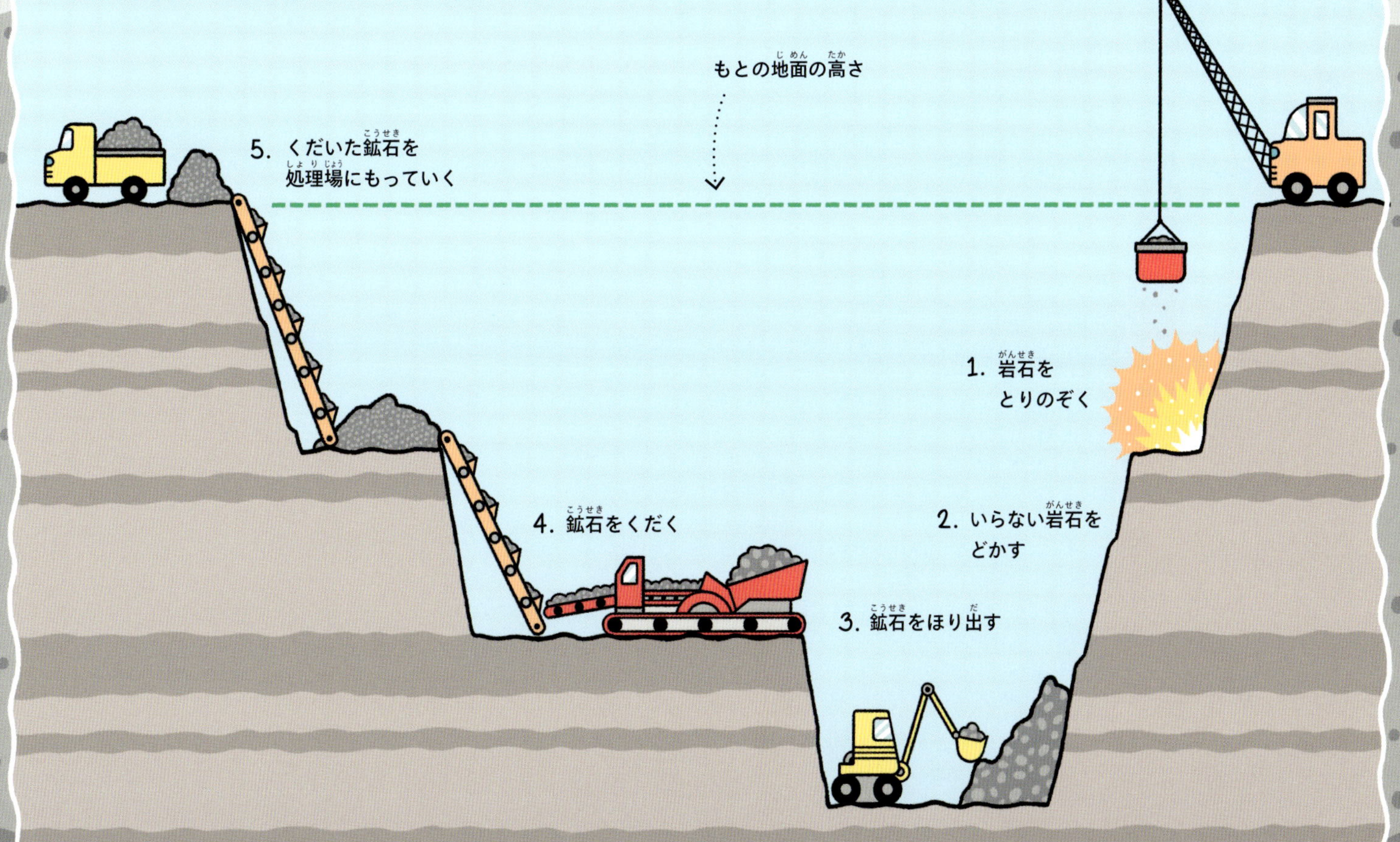

NUCLEAR POWER

原子力と放射線

原子の中心には、スゴイ力がひそんでいる。その力は、原子が分裂したり、融合（合体）するときに生まれるよ。原子力にくわしくなろう！

核

放射線

だいじなポイント

原子から生まれる力

一つひとつの原子の中には、陽子と中性子（12ページ）でできた核がある。一部の原子の核は安定していなくて、核が分裂するときのエネルギーが**放射線**（高いエネルギーの電磁波や粒子）になって出ていってしまうんだ。

原子力発電所には、こういう原子の分裂をコントロールできる**原子炉**（反応炉）がある。分裂で生まれた熱を使って水やガスを温め、その蒸気の力でタービンという機械を回す。すると、発電機が回って、電気が生まれるというからくりだよ。

工学の技術者には原子力発電にかかわる人たちもいて、原子力発電所を建てたり、発電所の安全を保ったりしているよ。そして、安全性がとても重要なんだ。放射線が外にもれると、生き物の細胞を傷つけてしまうことがあるからね。

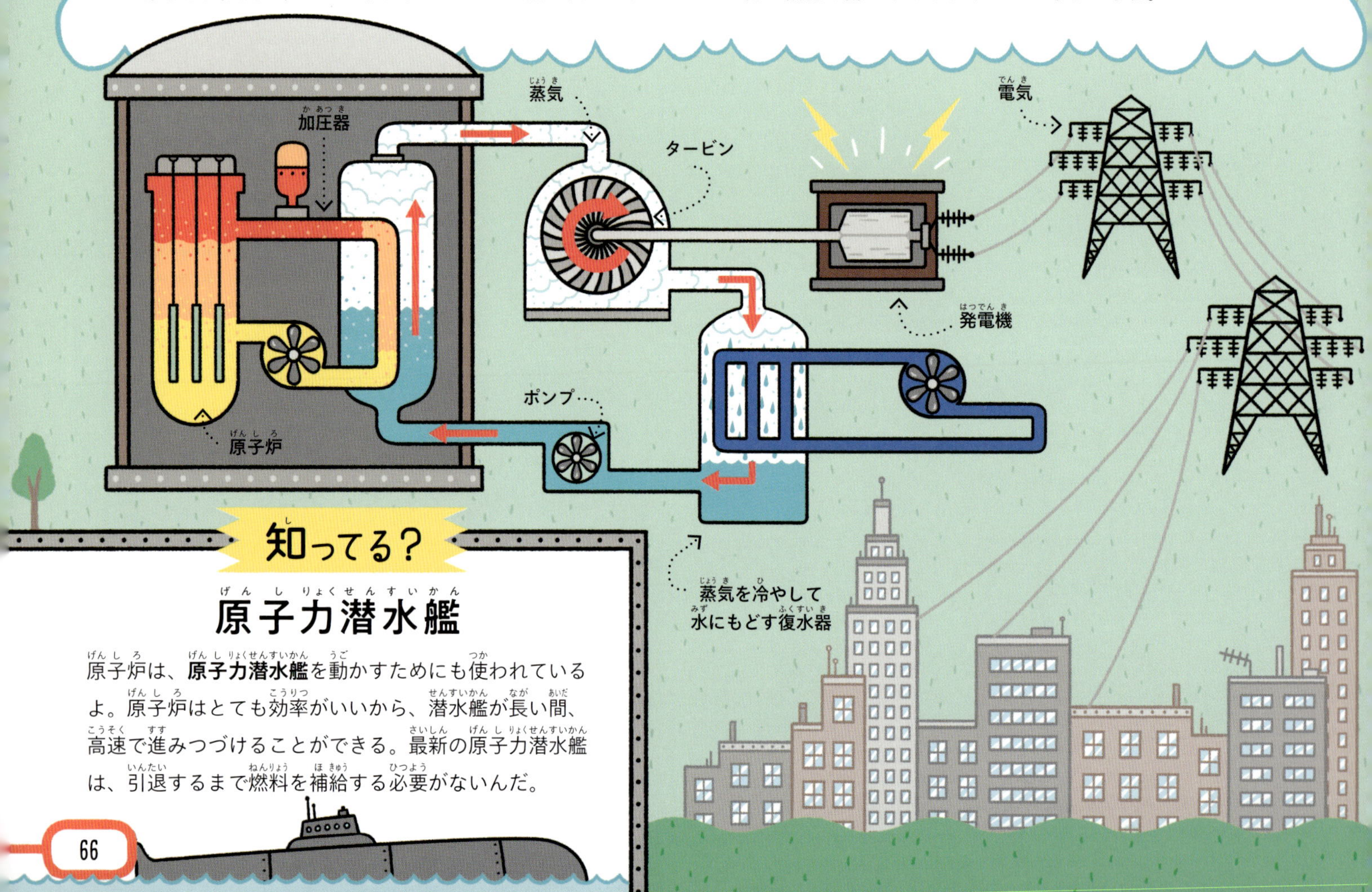

知ってる？

原子力潜水艦

原子炉は、**原子力潜水艦**を動かすためにも使われているよ。原子炉はとても効率がいいから、潜水艦が長い間、高速で進みつづけることができる。最新の原子力潜水艦は、引退するまで燃料を補給する必要がないんだ。

知ってる？

放射性物質

- アメリカのUSSノーチラス号は、1958年に潜水艦としてはじめて**北極点**を通ったんだ。船につんだ原子炉で動く超パワフルな原子力潜水艦だったんだよ。
- **ウラン**は、地中からとれる放射性物質（放射線を出す物質）で、原子力発電所で使われているよ。こういう放射性物質は、原子が不安定で、放射線を出しつづけるんだ。

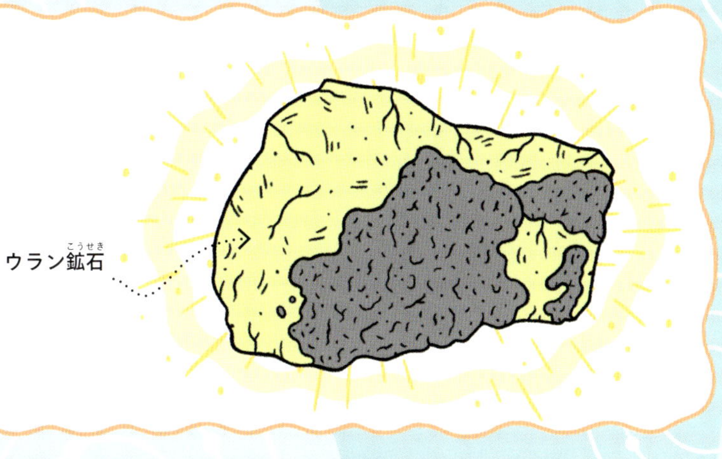

やってみよう

太陽で実験

原子力工学では、わたしたちを放射線から守る方法も研究されているよ。きみも、きょだいな原子炉を利用して実験してみよう！ 安心して。原子炉といっても、ここで使うのは、太陽だよ！

必要なもの

- ✔ 黒い紙（厚紙でもうすい紙でもよい）
- ✔ えんぴつ
- ✔ 日焼け止めクリーム
- ✔ 晴れた日

1. 黒い紙に星の形をかく。

2. 指先に豆つぶくらいの日焼け止めクリームをとり、星の形の内側にまんべんなくぬる。星の外側にはぬらないでね。

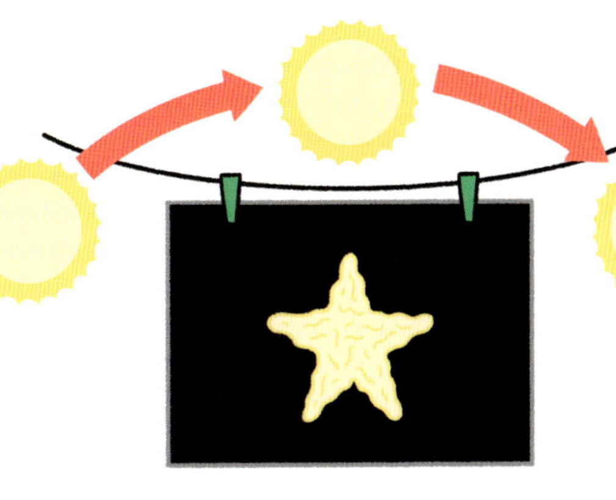

3. 紙を日のあたるところに1日つるしておく。日があたりつづけるように、ときどき紙のむきをかえよう。

実験のかいせつ

日焼け止めクリームをぬったところ以外の紙の色がうすくなるよ。原子力発電所とはちがって、太陽では原子が融合（合体）することでエネルギーが生まれている。だけど、熱と放射線が生まれている点は、原子力発電所と同じだ。

太陽の有害な放射線は、地上にはほとんど届かない。でも、**紫外線**は届いているんだ。紫外線をあびると、はだが日焼けしたり、紙の色がうすくなったりするよ。日焼け止めクリームにもいろいろな種類があって、紫外線を反射したり、さえぎったり、吸収したりしてくれるんだ。

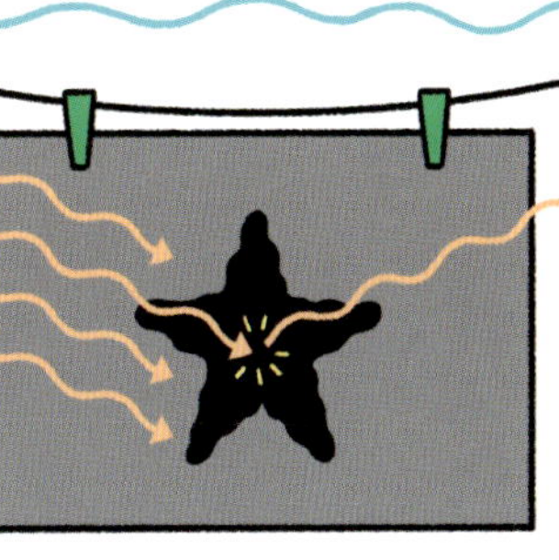

コンピューターのしくみ

コンピューターの電源を入れて、いつものアプリを開く。何気なくやっていることだけれど、中では何が起きているのかな？ コンピューターのことをくわしく知ろう！

だいじな **ポイント**

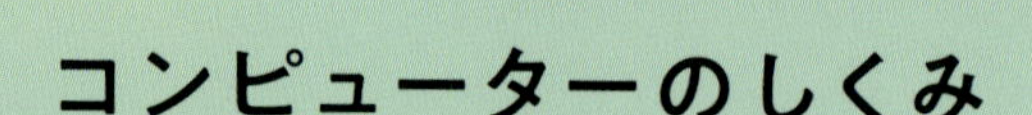

コンピューターのしくみ

コンピューターは、**プログラム**から指示を出すことで、数字やことばを使う作業をしたり、情報を保存したりできる機械だ。コンピューター・エンジニアは、コンピューターの設計やプログラムの作成をする人のことだよ。

コンピューターの用語を知ろう

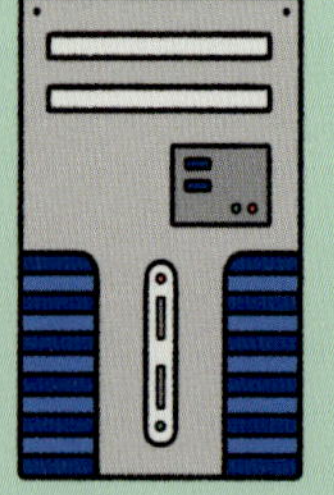

ハードウェア：コンピューター本体や、コンピューターにつなぐ機械。

ソフトウェア：コンピューターの記憶装置に保存されているプログラムやデータの集合体。

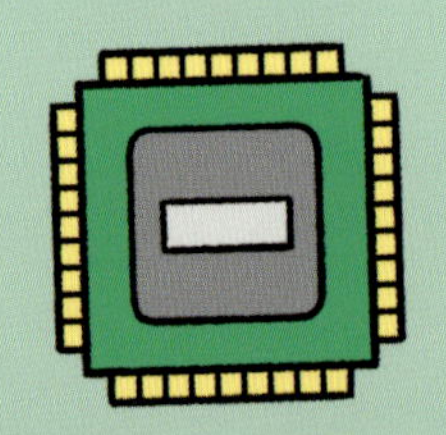

CPU：中央演算装置（Central Processing Unit）の略。これを使って情報を処理したり、装置に命令を出したりする。

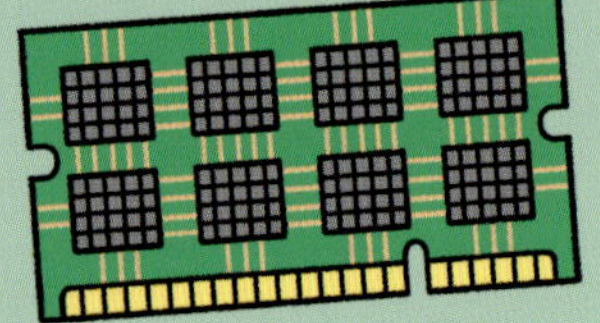

RAM：Random Access Memoryの略。情報をいったんおいておく場所。

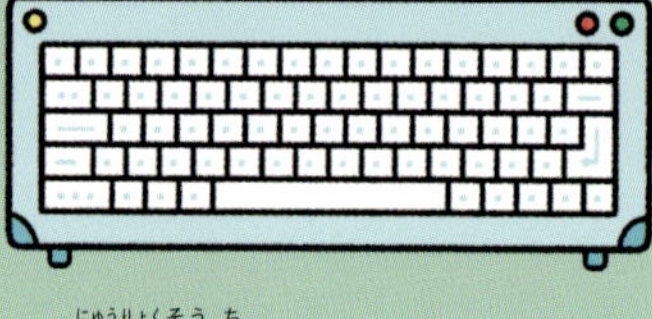

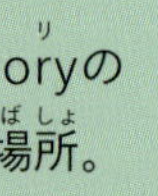

入力装置：コンピューターに情報を入れるときに使うハードウェア（キーボードやマウスなど）。

出力装置：コンピューターから情報を出すためのハードウェア（モニターやプリンターなど）。

コンピューターのおもな部品を紹介

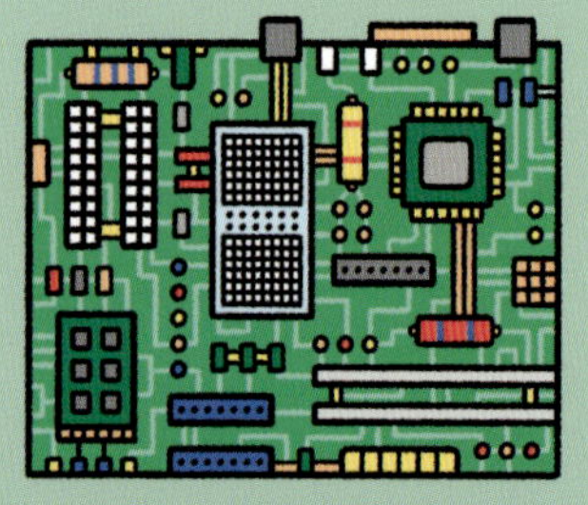

マザーボード：内部のほとんどの部品がのっている板。

電源：コンピューターは、コンセントまたはバッテリーの電気が必要。

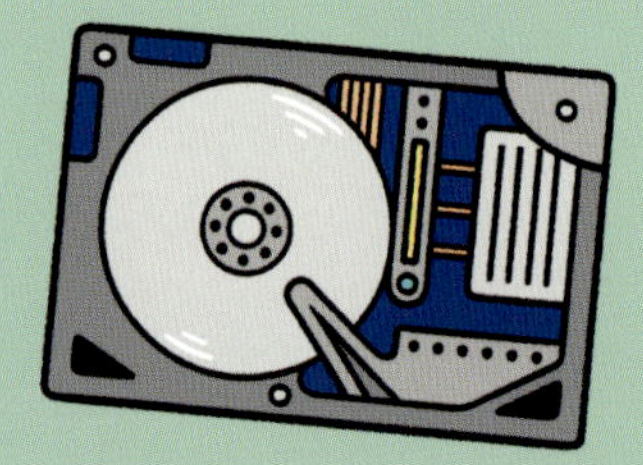

ハードディスク：プログラムや情報をずっと保存しておくための記憶装置。

デジタル機械って何？

コンピューターは**デジタル機械**の仲間だ。デジタル機械とは、0と1しか使わない**バイナリー・コード**という表現方法で、情報を保存したり、指示を与えたりする機械のこと。0は「電圧なし」であらわし、1は「電圧あり」であらわすよ。コンピューター・ソフトウェアのだいじな仕事の1つは、人間のことばをこのバイナリー・コードにほんやくすることなんだ。

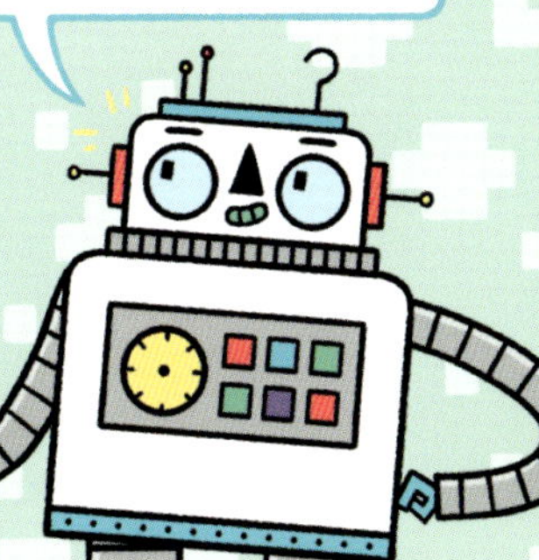

0100 1000　0100 0101
0100 1100　0100 1100
0100 1111

だいじなポイント

インターネットのしくみ

インターネットは、世界中にはりめぐらされたネットワークのことで、コンピューターやスマートフォンなどの電子機器がつながっている。どの機器も、**IP**（インターネット・プロトコル）**アドレス**という住所をもっているから、ルールにしたがって、機器どうしで通信することができるんだ。

1. コンピューターが、「ウェブサイトを見せて」というリクエスト・メッセージを送る。このメッセージは、**パケット**とよばれる単位に分けて送られる。

2. パケットは、まず**ルーター**を通ってから、**サーバー**（リクエストやデータの送受信をさばく、大きなコンピューター）で処理される。その後、**光ファイバー・ケーブル**や**人工衛星**を通じて、目的地に送られる。

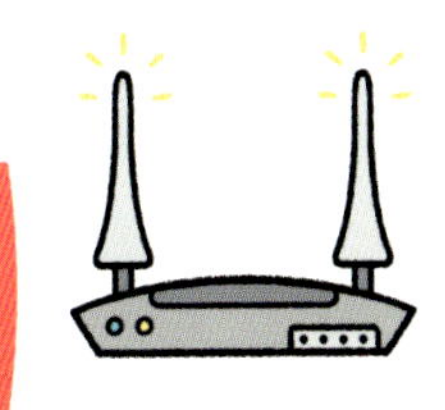

インターネット上を流れるメッセージには、必ず、送信者のIPアドレス、あて先のIPアドレス、パケットの組み立てかたの指示が書かれている。だから、名前もメールアドレスもちがう人たちで同じコンピューターを共有していても、情報が正しい人に届くんだ。

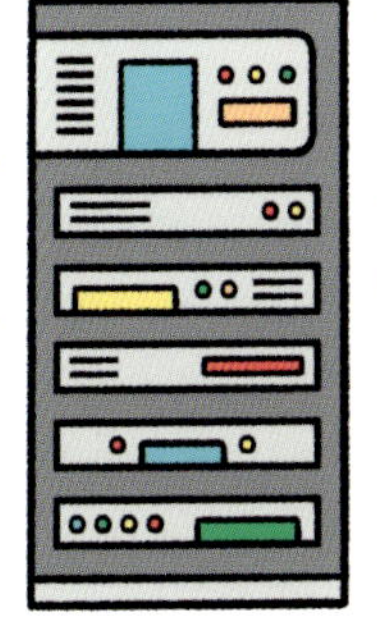

3. **インターネット・サーバー**がメッセージを受けとる。

4. **ウェブサイト**のデータがいくつものパケットに分けられて、リクエストしたコンピューターへ送り返される。

5. コンピューターがパケットを組み立て、ウェブサイトが画面に表示される。

CURIOUS COMPUTER CODES
コンピューター・プログラム

コンピューターの中のデータは、0と1だけを使うバイナリー・コードという方法で表現されていることは、前のページで学んだね。コンピューター・エンジニアは、このコードを組み合わせてコンピューター・プログラムをつくるんだ。コンピューター・プログラムは、ソフトウェアの部品だよ。

コンピューター・プログラム

コンピューター・プログラムは、コンピューターへの指示やデータの集まりのこと。**プログラミング言語**で書かれているよ。でも、コンピューターはこのことばをそのまま理解することはできないから、ことばを0と1のバイナリー・コードにほんやくするべつのプログラムが必要なんだ。バイナリー・コードは**機械語**とよばれるよ。

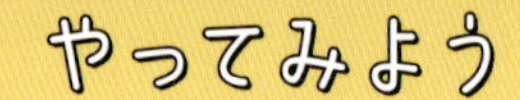

コンピューターのことばで自分の名前を書こう

ASCIIは、情報交換用米国標準コード（American Standard Code for Information Interchange）の略で、基本的なコンピューター・コードの1つだよ。ASCIIでは、文字や数字を8ケタの数であらわすんだ。自分の名前をASCIIで書けるかな？

必要なもの

- ✔ 方眼紙
- ✔ カラーペン
- ✔ えんぴつ

1 ヨコ8マスの表をかく。タテのマスの数は、きみの名前をアルファベットにしたときの文字数と同じにしよう。

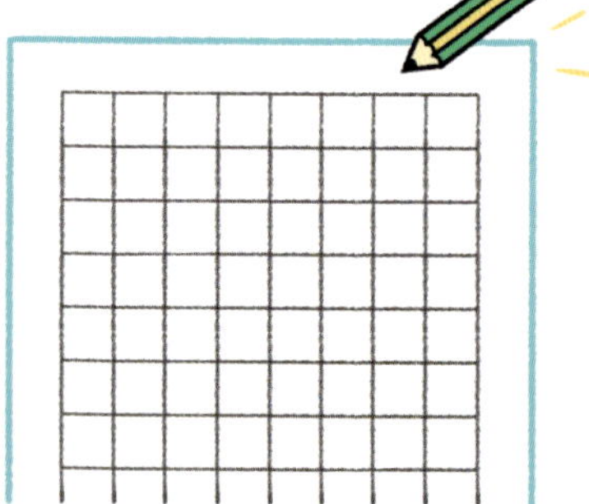

2 右のASCIIコード表を見て、きみの名前で使うアルファベットをさがそう。1行目には、名前の最初の文字のASCIIコードを書くよ。「0」は空白のマスであらわし、「1」はカラーペンでぬりつぶしたマスであらわしてね。

ASCIIコード

A	0100 0001
B	0100 0010
C	0100 0011
D	0100 0100
E	0100 0101
F	0100 0110
G	0100 0111
H	0100 1000
I	0100 1001
J	0100 1010
K	0100 1011
L	0100 1100
M	0100 1101
N	0100 1110
O	0100 1111
P	0101 0000
Q	0101 0001
R	0101 0010
S	0101 0011
T	0101 0100
U	0101 0101
V	0101 0110
W	0101 0111
X	0101 1000
Y	0101 1001
Z	0101 1010

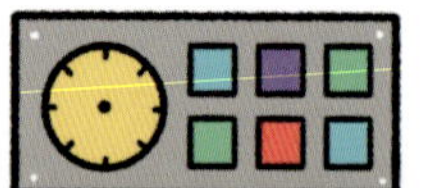

実験のかいせつ

やったー！ コンピューターのことばで自分の名前を書けたね！ 実験でつくったカラフルなASCIIコードの紙にひもを通して、部屋にかざってみよう。

0100 0011 0100 1111 0100 1110 0100 0111 0101 0010
0100 0001 0101 0100 0101 0101 0100 1100 0100 0001
0101 0100 0100 1001 0100 1111 0100 1110 0101 0011

やってみよう

暗号で会話しよう

ASCIIコードのしくみは、これでわかったね。ASCIIコードでヒミツのメッセージを書いて、お泊まり会の夜に友だちとこっそり会話をしてみない？

必要なもの

- クリアファイル
- 黒のマーカー（クリアファイルに書けるもの）
- 小さい懐中電灯

1 クリアファイルにヨコ8マスの表をかく。タテのマスの数は、伝えたいことばの文字数と同じにしよう。ヒミツのメッセージだから、マスをすごく小さくしてもいいよ！

2 ASCIIコード表を見ながら、「0」は空白のマスであらわし、「1」はマーカーの●であらわそう。

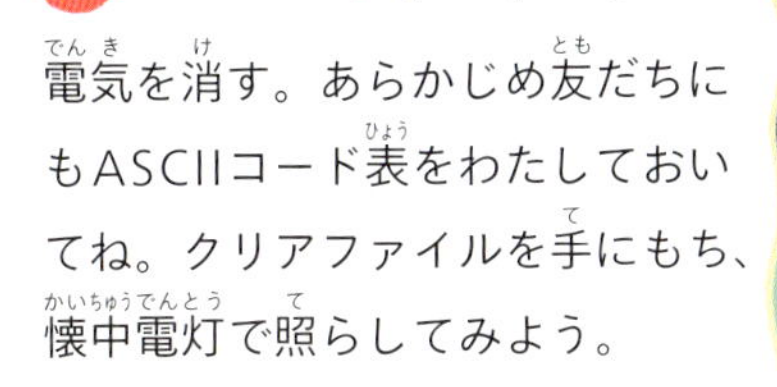

3 電気を消す。あらかじめ友だちにもASCIIコード表をわたしておいてね。クリアファイルを手にもち、懐中電灯で照らしてみよう。

クイズコーナー

ヒミツのメッセージがかべに照らし出されるよ。友だちにちゃんと読んでもらえるかな？ きみも下のメッセージをかいどくしてみよう。

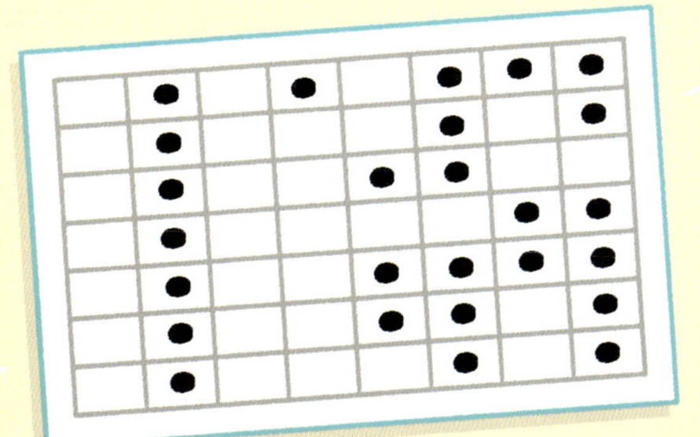

こたえは、この本の76ページにあるよ

ホッパーの話

アメリカ人の数学者で海軍少将だったグレース・ホッパー（1906～1992年）は、早くからコンピューター・プログラミングにかかわり、世界初の商用コンピューター「UNIVAC 1」の開発も手伝ったんだ。

広くてフシギな海の工学

地球の表面の$\frac{2}{3}$は、広くてフシギな海におおわれている。海洋工学の技術者は海にかんする科学的な知識を使って、海に新しい建物を建てたり、海上や海中の乗り物をつくったりしているよ。

だいじな ポイント

海の汚染とたたかう

海洋工学の技術者の中には、海の汚染（よごれ）とたたかっている人もいる。世界の海には毎日、石油、ごみ、化学物質、下水などの汚染物が流れ出しているんだ。汚染物は、海の生き物たちを傷つけているよ。

ものごとのしくみ

人工魚しょう

海の生き物を助けるために、**人工魚しょう**が人の手でつくられているよ。人工魚しょうは、沈没船などの固いものでつくられていて、それを海にしずめておくと、サンゴなどの海の生き物がくっついてくるんだよ。そして、**サンゴしょう**は、サンゴという生き物の、**ミネラル**をふくむ骨格でできていて、陸の近くの温かい海にできやすい。サンゴしょうは、魚、海綿、貝、クラゲ、カニ、ウニなど、いろいろな生き物のすみかになるんだ。

知ってる？

海底調査で見つかったもの

海洋工学の研究のおかげで、深海にもぐれる潜水艇などの機械が開発されてきた。いまでは、深海に、山や深い谷や広い平野があることがわかっている。1977年には世界ではじめて、**熱水噴出孔**が海底で見つかったんだ。熱水噴出孔は、地球の割れ目に入った水が、地下深くの熱い溶岩によって熱せられて、アツアツの熱水になってふき出している場所だよ。この熱水には、ミネラルがたくさんふくまれているんだ。

やってみよう

塩水をつくって実験

塩の濃度（しょっぱさ）をかえると、物体のうきかたにどんなちがいが出るかな？実験でたしかめよう。

必要なもの

- ✔ とうめいなボウル（またはガラスのコップ）…2つ
- ✔ ぬるま湯
- ✔ 食塩
- ✔ 生卵…2個
- ✔ 食紅
- ✔ 大さじ

1 2つのボウルにぬるま湯を入れる。

2 片方のボウルに、水が白くにごるまで塩を入れる。塩がとけきるまでよくまぜる。

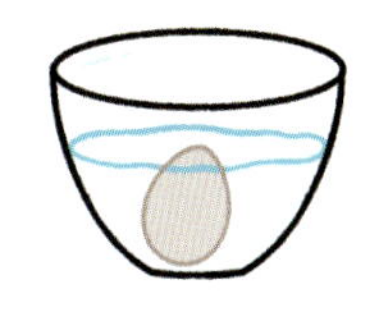

3 それぞれのボウルに卵を入れると、どうなるかな？

4 卵をボウルからとり出す。それぞれのボウルに食紅を少したらし、様子をかんさつしよう。

ものごとのしくみ

海水のヒミツ

液体にものがうくしくみを知ってる？まわりの液体よりも、ものの密度が低いときに、ものはうくんだ。これは**浮力**という力が関係しているよ。海は塩水だから、川や湖の水（＝たん水）よりも密度が高い。だから、ものの密度との差が大きい海のほうが、たん水よりうきやすいんだ。海水にふくまれる塩の量も場所によってちがっていて、雨（＝たん水）がほとんどふらない地域では、海の塩の濃度が高くなりやすいよ。

実験のかいせつ

塩を足していない水に卵を入れると、卵はボウルの底にしずむ。これは、卵の密度のほうが水の密度よりも大きいからなんだ。水に塩を足すと水の密度が高くなるから、卵はうき始めるよ。水にとかす塩の量をふやせば、それだけ卵はうきやすくなる。食紅も、塩水にはまざらずに表面にういたよね。卵の代わりにじゃがいもの切れはしを使って、同じ実験をしてみよう。どんな結果になるかな？

ROCKET POWER

ロケットのパワー

3……2……1……発射！
ロケットが発射されるときは、何が起きてるのかな？ どうやって宇宙に飛び出していくんだろう？ かんたんなロケットをつくって、そのしくみをたしかめてみるよ！

ものごとのしくみ

ロケットが宇宙に飛んでいくしくみ

発射台にセットされた**ロケット**は、燃料を燃やし、熱いガスをつくり、下むきにふん射する。**ニュートンの運動の第3法則**によれば、ロケットがガスに力（**作用**）を加えると、ロケットはガスから力（**反作用**）を受ける。この力でロケットは上に飛ぶんだ。

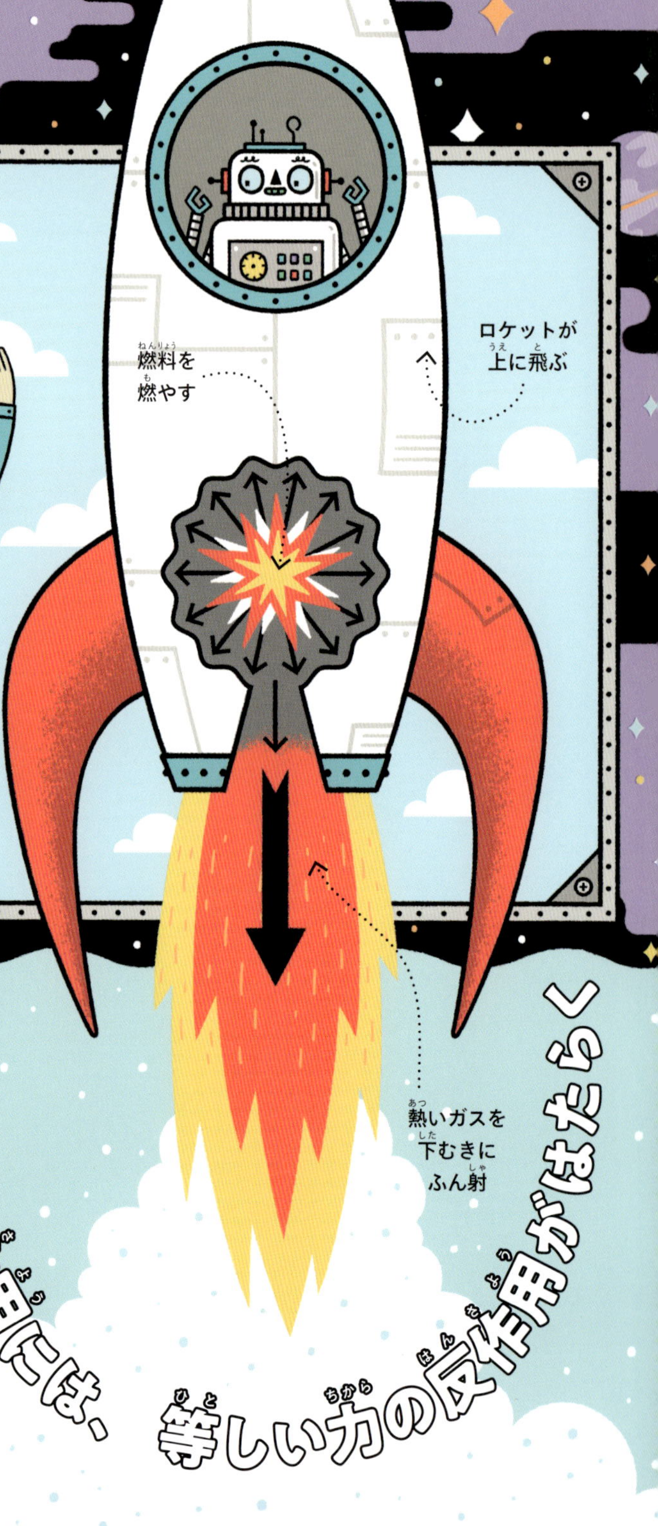

だいじな **ポイント**

ニュートンの運動の第3法則

ニュートンの運動の第3法則は、力はつねにペアになっていて、すべての作用には等しい力の反作用がはたらくという法則だよ。力はつねに、2つの物体ABの間にペアになってはたらく。AがBを押す力（作用）と、BがAを押す反作用は、同じ大きさで、むきは反対になる。

すべての作用には、等しい力の反作用がはたらく

やってみよう

風船ロケットをつくって飛ばそう!

ロケットはつくってみたいけど、大爆発は起こしたくないし……って思ったことはある？ じつは、燃料を燃やさなくても、ガスのふん射を起こすことはできるんだ。必要なのは、ガスとガスを押し出す力だけ。実験では、空気をガスの代わりに使い、風船で押し出す力を生み出すよ。

必要なもの

- 友だち
- パーティー用の長い風船
- セロハンテープ
- ストロー
- イス…2つ
- テグス（ナイロンなどでつくられた細くてじょうぶな糸）…3メートルくらい

1 ストローにテグスを通す。部屋の両はしにイスなどをおき、そこにテグスをむすんで、ぴんとはる。ストローをテグスのはしに移動させる。

2 風船を少しふくらませてから空気をぬき、風船をやわらかくする。風船をふくらませ、友だちに風船の口をもっていてもらう。

3 友だちに風船の口をおさえておいてもらいながら、テープで風船をストローにつける。風船の口側が、テグスのはしをむくようにしてね。

8 「3……2……1……」とカウントダウンして、「ゼロ」のタイミングで、友だちに手をはなしてもらう。どうなるかな？

知ってる？

風船ロケットのしくみ

手をはなすと、空気が勢いよく飛び出して、風船がビューンと前に進む。この前進する力を、推力というよ。推力は、風船が空気を押し出すことによって生まれるんだ。こうやって前進することを、ジェット推進とよぶよ。本物のロケットの場合、ロケット燃料を燃やしてエンジンからガスをふん射することで、推力を生み出している。下むきにふん射するから、ロケットは上に飛んでいくんだ！ テグスの代わりに糸を使って、ちがう形の風船で同じ実験をしてみよう。または、テグスを水平ではなく、上のほうにむけてみるのもいいかも。実験の結果はノートに書こうね。

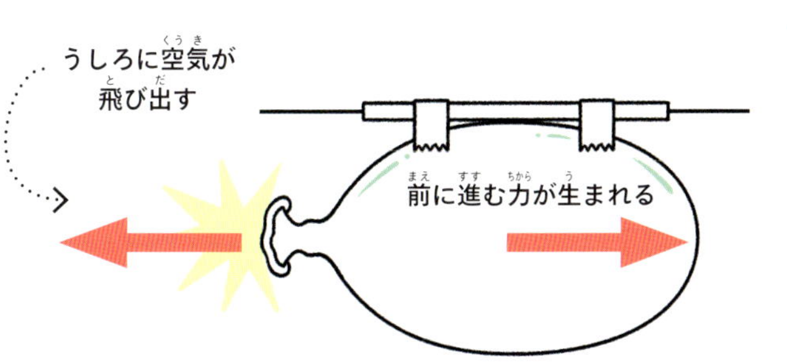

ゴダードの話

アメリカ人の発明家ロバート・H・ゴダード（1882～1945年）は、1926年に液体燃料ロケットを世界ではじめて飛ばした人だよ。ロケットのジェット推進も考え出したんだ。

PUZZLE ZONE ANSWERS
クイズコーナーのこたえ

70〜71ページ
コンピューター・プログラム

暗号で会話しよう

ヒミツのメッセージは

「Welcome（ようこそ）」だよ

INDEX
さくいん

実験やプロジェクトは**太字**になっているよ。

あ

か

さ

著者
ニック・アーノルド
1996年より執筆活動を開始。英国で「ハリー・ポッター」に次ぐ人気を持ち、40か国累計で400万部を突破した「Horrible Science（ゾクゾクするほどおもしろい科学）」シリーズの著者。「Explosive Experiments」、「Chemical Chaos」、「Ugly Bugs」をはじめ多数の著作を持つ。執筆活動以外では、書店や学校、図書館などで講演も行う。

監修者
NPO法人 ガリレオ工房
「科学の楽しさをすべての人に」伝えるためのさまざまな取り組みを行う創造集団。メンバーは、教師、ジャーナリスト、研究者などで構成され、科学実験の研究・開発を行う。書籍、雑誌、新聞、テレビ番組、全国各地での実験教室やサイエンスショーを行うなど、その活動は多岐にわたり、各界から高い評価を受けている。2002年に吉川英治文化賞受賞。

翻訳
江原 健

日本版デザイン
米倉英弘（細山田デザイン事務所）＋ 横村 葵

DTP
水谷美佐緒、中家篤志（プラスアルファ）

イラスト
Kristyna Baczynski、リース恵実

校正
金子亜衣

子供の科学STEM体験ブック
AI時代を生きぬくモノづくりの創造力が育つ
工作でわかるモノのしくみ NDC 407

2018年8月9日 発 行

著 者 ニック・アーノルド
監 修 ガリレオ工房
発行者 小川雄一
発行所 株式会社 誠文堂新光社
〒113-0033 東京都文京区本郷3-3-11
（編集）電話03-5805-7765
（販売）電話03-5800-5780
http://www.seibundo-shinkosha.net/
印刷・製本 株式会社 大熊整美堂

ISBN978-4-416-61826-4